职业人群
现场心理危机
干预

王择青 ◎ 著

中国人民大学出版社
·北京·

前　　言

　　无论我们是否愿意，现实中都可能会遭遇一些重大而突发的事情，它们可能是个人重大生活挫折（生活意外、婚姻失败、事业受挫、学业失利、丧亲等）或公共危机事件（自然灾害、人为恐怖事件等）。对于这类事情，我们如果既不能回避，又无法用通常方式去解决，就可能出现心理失衡状态，产生心理危机反应。个体往往表现为不由自主地回想当时的场景、焦躁恐惧等情绪反应，注意力无法集中、记忆力减退等认知反应，失眠多梦、食欲减退等躯体反应，以及回避与危机事件相关的信息、场所等。

　　在遭遇剧烈的、异乎寻常的危机场景后，产生这些心理危机反应是正常的，但是如果得不到及时有效的处理，随着时间的延长，事件对个体的影响可能愈加严重，甚至发展成为急性应激障碍（acute stress disorder，ASD）和创伤后应激障碍（posttraumatic stress disorder，PTSD）。

　　在我们的社会中，由于职业特点的差异，一些行业的从业者更容易在工作场景下遇到突发事件、恐怖刺激场景等。比如军人在战时的战斗中以及非战时的训练和灾难救援中，公安民警在处理案件追捕歹徒时，消防员在救援现场中，医护人员在抢救生命的过程中，他们都需要面对一些血腥惨烈的刺激场景；又比如飞行人员、海上钻井人员、冶炼工人等遭遇危机事件时，时常危及生命安全。对于职业人群，心理危机反应不仅会影响个体的心身健康、降低工作效率，还会影响组织绩效，甚至社会的稳定和谐。

近年来，我和我的团队成员一直为各行业职业人群提供心理服务，经过大量的探索和服务实践，我们在职业人群的心理危机干预方面研发了一套快速、简捷、有效的技术，并实现了七大突破：结合心理刺激源和心理刺激强度对受害人群进行分级；建构危机干预"现场心理动力模型"关注干预双方；图片-负性情绪表达/打包处理干预技术重点聚焦创伤性画面；强化危机干预工作者的职业化培养；"三人小组"的工作模式保障干预工作的有效、有序开展；提出危机干预组织实施的标准化工作机制，现场工作更有章法；心理危机干预计算机辅助系统规范危机干预工作流程。

从这套技术的提出到现在已过去了十几个年头，在2003年，图片-负性情绪打包处理技术定型，可以在很短时间内帮助危机事件的受害者消除负性画面和负性反应。也是在这一时期，我们开始研发心理危机干预计算机辅助系统。2007年这套危机干预技术以及心理危机干预计算机辅助系统在国家的部级专家鉴定会上获得专家的一致认可，与会专家一致认为"该套技术理念先进，设计合理，具有创新性和实用性，填补了心理恢复工作的空白，居国内领先地位，达到了国际同类研究的先进水平"。2011年，获军队科技进步一等奖，并申请了发明专利，为各行业现场危机干预提供援助。另外，"4·28"胶济铁路特大交通事故、"5·12"汶川地震、2008年北京奥运安保、2009年新疆"7·5"事件、2015年湖北沉船事件、"8·12"天津滨海新区爆炸事件……每当国家需要的时候，都有我们掌握这套技术的专业团队奋力援助的身影。

2008年汶川地震现场的心理危机干预是这套技术受到的第一次重大考验。令人欣慰的是，技术经受住了考验。有救援者在接受了我们的现场危机干预后，不仅现场效果明显，之后回访时也告诉我们，他目前状况很好，睡眠、饮食均恢复正常，可以每天正常开展执勤任务。甚至十年后，当我们重访灾区时，我们找到了当年的被干预者，看着他如今幸福健康地生活着，我们每个人都被深深感动……

　　我们团队成员的不断沉淀和思考，最终形成了本书。本书旨在将我们在职业人群现场心理危机干预探索和实践中获得的经验教训进行梳理总结，与同行分享，还望大家不吝斧正。也希望在指导意见的指引下，这本书能对职业人群的心理健康服务工作起到推动作用。

　　在这里，我要感谢中国人民解放军军事心理训练中心在技术实验验证中给予的大力支持，我还想感谢一直在一线实践，并将技术实施中的经验、教训和感受落笔成文字的本书撰写团队，他们是赵敏、于潮杰、杨建设、闫宁、邢全超、游琳玉、孙冶、魏冬颖等。我还想特别感谢一直坚定信心、互相鼓励，在技术提出和标准化过程中精益求精的研发团队成员，他们是赵昆鹏、汪洋等。

王择青

2019 年 2 月 17 日

目　录

上篇　基础理论

下篇 应用与实践

上篇

基础理论

第一章　职业人群现场心理危机干预的历史沿革与发展

无论我们是否愿意，生活或者工作中都有可能遇到或大或小的突发事件，如果这个事件带给我们的冲击超出了我们自身的应对能力，那么这个事件就会对我们的心理甚至生理产生不良影响。2016 年 12 月 30 日二十二部委联合发布的《关于加强心理健康服务的指导意见》中将职业人群和妇女、儿童青少年、残疾人、老年人等均划为重点人群。在这些重点人群中，职业人群作为社会发展的中坚力量，他们的心理健康不仅仅关系到个人的健康、家庭的幸福、组织的绩效，而且还会影响到国家的经济发展和社会的和谐稳定，甚至一些情况下还会影响到国家的安全，因此，职业人群现场心理危机干预工作的重要性日益凸显。

近年来我们在职业人群现场心理危机干预方面做了大量研究工作，基于对职业人群现场心理危机干预的理论反思和应用实践探索，本章将对相关内容进行梳理，主要包括：职业人群心理危机的特点，以及对职业人群心理危机认知的发展历程；现场心理危机干预的特点，以及对主要干预技术的历史回顾和分析；现有技术面临的挑战及我们的新探索。

第一节　职业人群心理危机概述

1954 年，美国心理学家卡普兰（G. Caplan）首次提出心理危机的概念并对其进行了系统研究。他指出，心理危机是当个体面临突然或重大生活逆遇（如亲人死亡、婚姻破裂或天灾人祸等）时所出现的心理失衡状态。如果个体处于危机状态而得不到有效干预，其生理、情绪、认知、行为将遭到严重影响。本节主要讨论职业人群心理危机的核心内涵和特点，以及对职业人群心理危机认知的发展历程。

一、职业人群心理危机及其特点

(一)职业人群心理危机的内涵

1. 职业人群的界定

首先，职业人群该如何界定呢？2015 年新版的《职业分类大典》将职业划分为 8 个大类，分别是：

第一大类：党的机关、国家机关、群众团体和社会组织、企事业单位负责人；第二大类：专业技术人员；第三大类：办事人员和有关人员；第四大类：社会生产服务和生活服务人员；第五大类：农、林、牧、渔业生产及辅助人员；第六大类：生产制造及有关人员；第七大类：军人；第八大类：不便分类的其他从业人员。

综合来看，职业人群是指社会中以劳动作为谋生手段的人群，他们在不同性质、不同内容、不同形式、不同操作的工作岗位上发挥作用（尉敏琦等，2015）。职业人群一天中至少有三分之一的时间在工作场所中度过，工作内容的强度和难度以及工作环境中的各种不确定因素，都可能致使职业人群遭遇危机事件的概率增高。据统计，每年全球约有 1 亿工人在职业事故中受伤，20 万人死于工作相关事故（Beaton et al. ，2009）。

2. 职业人群心理危机的要素

职业人群心理危机的要素主要包含三个方面。

第一，经历灾难性事件，即经历重大的群体或者个人灾难性事件。重大的群体危机事件分为人为事故（恐怖袭击、爆炸事件、斗殴事件、生产安全事故等）和自然灾害（如地震、水灾、火灾等）两类；重大的个体危机事件包括丧偶、离婚、亲属死亡、生病或受伤、工作变故等等。

第二，出现程度不同的不适感，主要可以从生理、情绪、认知、行为四个层面来进行判断。

（1）生理方面常出现肠胃不适、腹泻、食欲下降、头痛、疲乏、失眠、做噩梦、容易受惊吓、感觉呼吸困难或窒息、有梗死感、肌肉紧张等生理功能异常现象。

（2）情绪方面常出现烦躁易怒、恐慌、焦虑等负性情绪体验，心理受到强烈的冲击和震撼，易产生强烈震惊、严重恐惧、过分敏感或警觉、悲观绝望、弥漫性的悲伤、痛苦等不适反应。

（3）认知方面常对环境产生失控感、对生活失去信心、丧失活动能力与兴趣等。还会出现注意力严重不集中、失去思维判断自主性、无法做决定、健忘、效能降低、理解出现困难、灾害情境在头脑中重复"闪回"甚至产生错觉和幻觉等认知功能障碍。

（4）行为方面会出现过度沉默、逃避现实、社交退缩、逃避与疏离他人、兴趣爱好范围变窄、不敢出门、害怕见人、没有食欲或暴饮暴食、容易自责或怪罪他人、不易信任他人、持续性的警觉反应、过分惊跳反应、强迫等行为。

第三，依靠自身常规的应对方法无法应对这些不适感，即当事人用寻常的解决手段暂时不能应付。这些不适感如果不能得到及时缓解和控制，就会导致当事人生理、情绪、认知和行为方面的功能失调，甚至出现巨大的心理失衡，精神濒临崩溃。

总之，职业人群面临突然或重大的工作、生活事件，既不能回避又无法用常规的方法来解决问题时，就会出现心理失衡状态，这就是职业人群心理危机。

（二）职业人群心理危机的特点

职业人群出现心理危机，表现出如下几个特点。

1. 职业差异性

职业人群面临的风险，一般分为两种典型情况：常见易于接受的工作风险和不常见非常可怕的工作风险。某些职业人群在常规工作中可能就会遭遇到危机事件，比如刑警追捕歹徒时，军人、武警在平时训练和灾难救援中，消防员在火灾救援现场，医护人员在抢救生命的过程中。他们在日常工作中可能需要面对一些血腥惨烈的刺激场景，甚至会存在威胁生命安全的情况。日积月累，这些刺激强度较高的场景都可能会对他们的心理健康造成一定程度的影响。而另外一些职业人群，比如飞行人员、海上钻井人员、冶炼工人等，他们工作中的极高专注力也会对心理健康产生影响。有研究结果显示，48.4%的飞行员处于高应激状态，高于其他职业人群（柴文丽，赵璧，吴思英，林少炜，2013）。虽然较之于地面交通方式，空中交通方式更安全，但是他们一旦遭遇危机事件，生还概率几乎为零。这不仅使他们常常处于一种持续存在的恐惧、害怕的情绪体验当中，而且这样的危机事件一旦发生，对他们家人、战友/同事、现场目击者都会造成严重的心理影响。

2. 普遍性

除了工作环境中可能遭遇的危机事件，职业人群在日常生活中也可能会遇到突发的个人危机事件。在这种情况下，心理状态同样会受到影响。比如童年期的创伤事件，带来的不良影响会一直持续到成年。这样的创伤事件包括重要的丧失事件（亲密或者重要他人的离世、恋爱失败、夫妻关系破裂等），以及一些突发的事件（自己或者家人遭遇事故、罹患某种严重疾病等），这些都会对当事人产生不同程度的心理影响，从而带来心理危机，轻则产生短期的心理失衡，严重的还可能造成精神障碍。

3. 复杂性

职业人群产生心理危机的原因是多方面的，既可能是工作中遇到的，也可能是生活中经历的；导致的影响也是多方面的，比如可能产生生理、情绪、认知和行为的不同反应，而且这些反应的强烈程度也会因人而异。以上这些方面都使得职业人群心理危机具有相当大的复杂性。

4. 危害性

职业人群的心理危机如果得不到及时干预，就会对个体、组织甚至国家造成危害。第一，职业人群的心理危机反应，如果长时间得不到解决，就会对个体的身心健康产生影响，甚至发展成创伤后应激障碍（PTSD）。第二，职业人群的心理危机可能会影响组织绩效。职业人群的身心状态不佳，会造成其注意力不能集中，逻辑思维和判断决策能力受损，工作效率下降，从而影响组织绩效，甚至影响到组织的正常运转。第三，职业人群的心理危机与国家和谐稳定息息相关。例如，重大的灾难事件发生后，军人、公安等职业群体承担着重要的一线救援任务，他们的心理危机如果得不到及时干预，就会直接导致其战斗力丧失，从而使国家和人民的利益进一步受损，影响到国家的和谐稳定。因此职业人群的心理危机干预工作意义重大，近年来，也越来越多地受到组织管理者的关注和重视。

二、对职业人群心理危机认知的发展历程

对职业人群心理危机的科学认知，离不开对PTSD的科学探索。事实上，在第二次世界大战期间，由于当时研究水平有限，PTSD与一般应激反应及其他精神疾病不加鉴别，被称为"总体应激反应"（吉利兰，詹姆斯，1997/2000）。直到 1980 年，PTSD 才得到正式命名。那么，人们对 PTSD 及心理创伤的认识经历了一个怎么样的发展历程呢？

（一）铁路症候群

铁路症候群（railway spine）是 19 世纪时对铁路事故导致的创伤后症状的诊断描述。它最初由约翰·埃里克森（John Eric Erichsen）在他的著作《论铁路和神经系统的伤害》中首次提出，所以又被称为"埃里克森症"。在 19 世纪早期，铁路事故频发，有一些人找到铁路公司，声称自己在火车事故中受伤，但并没有明显的证据显示他们有外伤。铁路公司拒绝他们的赔偿申诉，认为他们是在说谎。

19 世纪晚期的时候，科学家们就铁路症候群的本质产生了激烈的争论。1884 年，德国社会事故保险项目出台，它促进了神经科医生对事故后果的评估。神经病学家奥本海姆（Hermann Oppenheim）认为，在"事故神经症患者"中，心理上的"休克"起了很重要的作用，这一观点促进了对"创伤性神经症"概念的理解（引自施琪嘉主编，2006）。奥本海姆提到，铁路症候群的症状由脊髓或大脑损伤所导致，但是法国和英国的学者，比如赫伯特·佩奇（Herbert Page）就提出相反的观点，他认为某些症状由癔症所导致（现在更多地被称为"转换障碍"）（引自"Railway spine," n. d.）。

现在大家都已经知道，铁路事故、空难等和车祸一样，不仅仅会带来躯体的损害，还有可能导致 PTSD 以及其他身心症状。

（二）战争神经症

针对职业人群的心理危机干预，源于战争。第一次世界大战前，人们尚未认识到战场神经精神损伤是战伤减员的主要原因之一（胡晓敏，党荣理，王天祥，2005）。第一次世界大战期间，出现了一种新的创伤性神经症，英国心理学家将之描述为"战争神经症"（引自施琪嘉主编，2006）。

有学者将战场中发生的应激伤害称为"炮弹休克"（shell shock），这形象地说明了枪、炮、地雷等武器所形成的震波、高分贝噪声、燃烧等因素对官兵的影响。第一次世界大战期间，英法部队 20 万士兵中，有 1/5 出现了这种应激障碍（引自胡晓敏等，2005）。

1916 年，德国神经科医生在慕尼黑召开了战争会议，会上，盖普（Robert Gaupp）和农勒（Max Nonne）将战争神经症归结为克雷佩林病的一种。英国的精神科医生耶兰（Lewis Yealland）推荐了他在《战争所致的癔症性紊乱》（1918 年）一文中提到的治疗方法：药物治疗、惩罚和侮辱；对精神病症状如缄默或运动障碍应施以电击疗法。患病的士兵彼此都视其为道义性的残疾，而在体格上他们被看成是卑鄙的伪装者和懦夫（引自施琪嘉主编，2006）。

1921—1922 年间，年轻的美国精神科医生卡丁那（Abram Kardiner）在维也纳从弗洛伊德那里完成了精神分析的学习。卡丁那在童年时代经历过许多创伤，如贫穷、饥饿、堕落、家庭暴力和早年丧母，因此，他对有着创伤经历的人们往往能产生认同。回美国后，卡丁那在纽约荣军医院（Veterans' Bureau Hospital）工作，致力于战争神经症的治疗。之后的 50 年，他一直致力于 PTSD 患者的激素水平等生理情况的研究。1941 年，他出版了《战争所致的创伤性神经症》一书。在书中，他认为神经症的核心就是生理神经症（引自施琪嘉主编，2006）。

第二次世界大战以后，各国对战场应激反应的认识逐步加深，其症状被描述为：夸大的惊骇反应、记忆损害、过多的自发激起、睡眠障碍、战争噩梦、疲倦、呼吸急促、注意力不集中、无目的动作、理解执行命令困难等。还有相当多的战场应激反应并不表现出典型的精神症状，而是以酗酒、物质滥用、违反纪律等行为异常为主要表现。越南战争由于持续时间长、参战人员心理准备不足、战争条件恶劣等原因，战场应激障碍患者逐年增加，且不与战伤人数成正比。至 1970 年，战场应激障碍患者几乎达到了总战伤人数的50％（引自胡晓敏等，2005）。

（三）创伤后应激障碍（PTSD）

1952 年美国精神病协会出版第一版《精神障碍诊断和统计手册》（DSM-I），把战争等所致的创伤后心理问题称为"应激反应综合征"。1961 年，在德国巴登-巴登的精神病学会议上，"经历所致的人格改变"作为描述在长期应激下有疾病意义的、有倾向性的心理改变的概念被接受。20 世纪 60 年代的美国，已经有许多著作、会议以及专题论文集的主题涉及巨大灾难的后果。也是在同一时期，在底特律和密歇根会议上的一篇论文《韦恩州立大学关于巨大心灵创伤的最后结果》启发了关于"急性精神分裂症发作可能是创伤所致的结果"的讨论。今天，人们已经获得共识：严重的创伤可以导致急性精神分裂症（引自施琪嘉主编，2006）。

1965 年，军队精神科医生利夫顿（Robert Jay Lifton）在底特律会议上展示了他的研究成果，即战争归来者均有脑衰退的表现。与此同时，一些老兵机构也开始认识到，这些患者应该得到足够的治疗。随后，研究者们开始描述创伤性生活事件的强度和急剧性，认识到这些刺激时常超出个体的承受能力，进而导致短时或稍长的过度负荷，并由此提出了神经-生理-激素模式（引自施琪嘉主编，2006）。

1968 年美国精神病协会出版了 DSM-II，其中将与创伤有关的精神紊乱称为"状态紊乱"。在最新的 DSM-5 里则专门有一类"创伤及应激相关障碍"，包括那些暴露于被详细地列在诊断标准中的创伤性或应激性事件所致的障碍。这些障碍不仅包含创伤后应激障碍、急性应激障碍、适应障碍，还包括反应性依恋障碍和脱抑制性社会参与障碍。

（四）创伤后成长

一直以来，有关创伤后心理机制的研究往往过分强调创伤事件引发的负性结果，但随着积极心理学的兴起，创伤后成长在近十几年受到了学者们的广泛关注（Helgeson，Reynolds，& Tomich，2006）。

早在 20 世纪八九十年代，就有人就对个体能从创伤等负性生活事件中获得成长这一现象展开了研究，并在对该现象的正式测量中首次正式提出并使用创伤后成长（posttraumatic growth，PTG）一词（Tedeschi & Calhoun，1996）。研究者将其界定为在与具有创伤性质的事件或情境进行抗争后所体验到的心理方面的正性变化（Tedeschi & Calhoun，2004）。它不是由创伤事件本身引起的，而是个体在与创伤事件的抗争中产生的（Tedeschi & Calhoun，1995）。创伤事件粉碎并强迫性地重构个体的目标、信念和世界观，这对个体创伤前的自我认知以及社会认知都构成了巨大的挑战（Tedeschi & Calhoun，1995，2004）。

Tedeschi 和 Calhoun（2004）认为，PTG 与 PTSD 是相对独立的，前者一定伴随更多的幸福感以及更少的痛苦感，并意味着一种更加丰满、更加充盈、更加有意义的生活。Joseph 和 Linley（2008）从创伤后个体的心理-社会反应过程对 PTSD 与 PTG 进行了区分，认为 PTSD 是对创伤事件的认知评估和情绪状态的相互作用的一种体现，具体表现为情绪的高警觉和认知的闯入及回避；而 PTG 则是认知评估和人格图式/核心信念相互作用的结果，代表人格图式/核心信念的积极改变，是对自我、人际、生命等核心议题的积极领悟（引自陈杰灵，伍新春，安媛媛，2015）。

将 PTG 融入创伤治疗意味着一种视角的变化，它不是把个体在创伤后出现的"非正常"反应仅仅视为负性的症状，而是更加关注这些症状背后的认知和情感加工过程，关注个体在这一历程中重建基本图式和信念的努力，协助个体进行自我的探索，发现成长的线索，并最终促进个体获得真正的成长（陈杰灵等，2015）。

PTG 不仅发生在个体水平上，也可能发生在群体或国家甚至世界水平上，经历应激或创伤可能使婚姻关系、家庭机能、邻里关系、组织士气发生变化，甚至可能使一国或一地区内产生社会变革和文化变动（Cohen，Cimbolic，Armeli，& Hettler，1998）。

通过以上对职业人群心理危机发展历程的综述可以看出，我们对职业人群心理危机的认知从认为是单纯的生理问题到从生理、情绪、认知、行为等多方面理解，从认为是完全的负性影响到认识到危机不仅带来威胁，同时也意味着成长的机遇。这些都提示我们在理解职业人群现场心理危机的过程中，要运用更加多元的视角，不仅要关注到身心等多个层面的影响，同时要考虑帮助被干预的职业人群建构积极、正性资源来应对心理危机。

第二节　职业人群现场心理危机干预概述

一、职业人群现场心理危机干预定义及其特点

（一）职业人群现场心理危机干预的定义

个体出现心理危机时，一般表现为生理、情绪、认知和行为的变化。为了应对这些心理危机，就需要对心理危机进行干预。研究者们认为，心理危机干预的目的是告知个体如何应用较好的方法应对危机事件（Lindemann，1944；Caplan，1961）。职业人群的现场心理危机干预就是在危机发生之后，在最短的时间内帮助遭遇危机事件的个体缓解和消除心理危机所带来的负性

影响。对个体进行准确的评估和及时有效的干预，一方面可以帮助他们快速恢复战斗力、工作能力，保障组织的正常运转；另一方面可以将问题解决在初级状态，尽可能地降低他们未来遇到更严重、更复杂心理问题的可能性。

（二）职业人群现场心理危机干预的特点

职业人群现场心理危机干预涉及职业人群、现场这两个关键词，这就决定了职业人群现场心理危机干预具有以下特点。

1. 组织性

当职业人群在工作过程中遇到危机事件时，无论是来自内部，还是外部的心理危机干预工作团队，都需要在组织的统一安排下开展工作。因此，与面向个体的心理危机干预工作相比，除了解决个体的问题之外，职业人群现场心理危机干预工作还需要对组织负责。这就要求我们开展职业人群现场心理危机干预工作时须注意以下方面。

第一，明确组织内配合工作的对接人和团队。为了明确向谁了解危机事件相关信息，向谁申请人员和物资支持，心理危机干预工作者需要清楚组织内的对接人、团队及其分工情况。在干预过程中需要对干预对象分组工作时，为提升工作效率，可以充分利用干预对象的原有组织归属关系（如一个部门、一个连队、一个宿舍），分组逐步开展干预工作。另外，在现场干预实践过程中，我们发现取得组织内负责人的理解和支持，或者先以组织内关键个人为干预对象做成典型案例，会让干预工作开展更顺利。比如在某次危机事件中，一个班的战士都受到了影响，我们先对班长进行了干预，利用其号召力和影响力，更容易打破其他战士对干预工作的防御。

第二，遵守组织规范，明确组织的要求和边界。危机干预工作团队需要在组织规范的约束下开展工作。例如，危机事件发生后，除了直接受影响人群，其他人群也会因为事件信息的传播受到间接影响。因此，危机干预工作者需要与组织管理者进行沟通配合，按照组织的要求做好信息的发布和保密等工作。关于这一点，经验和教训告诉危机干预工作者：在和被干预对象进行信息沟通的时候，组织没有明确要求说的事情，不要随便说；组织没有承诺做的事情，不要随便做；即使是组织同意披露的信息，也要明确由谁来负责披露，采用何种方式进行披露，切勿做越界的事情，以防导致组织工作开展的难度增加，甚至影响我们与被干预对象之间的信任关系。

第二，及时向组织汇报工作进展，明确干预工作的汇报时间节点和汇报流程。实施干预的团队尤其是受组织邀请的外部团队，按照组织要求的时间节点让组织管理者及时了解干预工作进展和效果，不仅可以缓解组织管理者的焦虑，增强组织对干预团队及其工作效果的信任，而且可以为后续的工作争取更多的资源支持，从而促进后续工作顺利开展。

2. 高效性

虽然职业人群的工作内容不同，遭遇的危机事件也各有差异，但是在心理危机干预过程中，如何在最短的时间内，快速有效地帮助职业人群恢复战斗力和工作能力是组织一致的需求。产生心理危机的企事业员工能否快速回到正常的工作状态，直接关系到组织绩效；军人能否快速走出心理危机的影响，直接关系到团队的战斗力。另外，职业人群的现场危机干预工作通常是在职业人群工作的一线完成的，例如，在地震的救援现场或在刑警实施抓捕任务的工作间隙。因此无论从以上哪个方面来看，快速、高效是职业人群现场心理危机干预的明确要求。

3. 干预技术易于学习

职业人群现场心理危机干预工作对快速、有效的要求意味着要在有限的时间内完成干预工作，这就需要现场干预技术操作简捷，易于学习。而且职业人群心理危机频发，受影响人群的范围往往颇为广泛，如果职业人群现场危机干预的方法操作复杂，掌握耗时较长、学习难度较大，就会使得该种方法只能掌握在少数的专业人员手中，无法满足现场工作量的要求。

综上所述，实施职业人群现场心理危机干预不仅需要考虑组织属性，同时，还要求在现场心理危机干预技术的选择上能够快速、简捷、有效地解决问题。

二、职业人群现场心理危机干预技术的发展历程

随着对心理危机逐渐形成科学认知，危机干预技术也在不断地实践和研究中发展，目前国内外并不存在统一的危机干预技术，各类危机干预技术百花齐放。在这部分我们将回顾伴随对职业人群心理危机形成科学认知而发展起来的危机干预技术，包括心理疏泄、紧急事件应激晤谈、心理急救、暴露疗法、眼动脱敏与再加工、表达性艺术治疗在危机干预中的应用。

（一）心理疏泄/小组晤谈（PD）

一战期间，在主要战役之后，很多指挥官会让士兵分享报告。士兵相互分享在战斗中的故事一方面可以鼓舞士气，另一方面则是为了减轻痛苦，并防止创伤后的心理问题，也就是心理疏泄。这种心理疏泄也被称为心理晤谈（psychological debriefing，PD）（Litz，Gray，Bryant，& Adler，2002）。

作为一种预防心理障碍的集体治疗技术，心理晤谈获得越来越多的应用。这一技术一般在一些小的团体中使用，由一位有经验的负责人进行召集，要求有一个安静的环境。参与者讲述自己的各种经历和体验，分享感受，讨论他们的种种计划。例如，他们对自己的力量做出评价，安排建立一个强有力的支持工作网。另外，在他们重新与家人团聚、恢复了正常的生活和工作后，还要安排一些小组活动。

在二战期间，这种心理晤谈的方式被美军运用，并得到了一定的推广。

它在一定程度上减轻了士兵的痛苦，对早期症状的改善也起到了一定的作用。但也有研究显示，对于 PTSD，单纯的疏泄过程不但无效，反而还会加重症状（Wessely & Deahl，2003）。

（二）紧急事件应激晤谈（CISD）

1983 年，Mitchell 在吸取了"及时、就近和期望"军事应激干预原则的基础上，提出类似于心理晤谈的方法，用于缓解警察、消防队员、急诊医疗队员等职业人群处于危机事件中的心理反应。其理论依据是"事件的认知结构，例如思维、感觉、记忆和行为在复述事件并体验情感释放时都会得以修复"（Bledsoe，2003）。这种技术被称为紧急事件应激晤谈（critical incident stress debriefing，CISD）。这种干预模式强调在"认知-情绪-认知"的框架下，小组成员一起讨论灾难时的经历，通过灾后早期的宣泄、对创伤经验的描述以及小组和同伴的支持来促使参加者从创伤性经历中逐渐恢复（张丽萍主编，2009）。到 21 世纪初，CISD 技术已被广泛应用于受害者及相关救援人员。

CISD 是一种团体心理危机干预模式，有时也被认为是团体心理指导，与个体心理危机干预相对应。CISD 分为正式援助和非正式援助两种类型。在非正式援助中，受过训练的专业人员在现场进行急性应激障碍干预，整个过程大约需要 1 小时。而正式援助型的干预则分 7 个阶段进行，通常在危机发生的 24 或 48 小时内进行，一般需要 2～3 小时。具体步骤是（Everly & Mitchell，2000；引自李建明，晏丽娟，2011）：

（1）介绍阶段（introductory phase），指导者进行自我介绍，说明 CISD 的规则和目的，强调保密性，建立援助的信任氛围。

（2）事实阶段（fact phase），要求求助者从自己的观察角度出发，描述危机发生时的一些实际情况。

（3）想法阶段（thought phase），询问求助者在危机事件发生后最初和最痛苦的想法，让情绪表露出来。

（4）反应阶段（feeling phase），依据现有信息，找出求助者最痛苦的一部分经历，鼓励他承认并表达出内心的真实情感。在这一阶段，指导者要表现出更多的关心和理解。

（5）症状阶段（symptom phase），要求求助者描述自己在危机事件中的认知、情绪、行为和生理症状，使其对事件有更深刻的认识。

（6）教育阶段（teaching phase），通过讲解应激反应的相关知识，让求助者认识到他的这些反应在危机事件之下都是正常的，是可以理解的；提供一些如何促进整体健康的知识，如讨论积极的适应与应对方式，根据情况给出减轻应激反应的策略。

（7）恢复阶段（re-entry phase），结束援助并总结晤谈过程，提供有关进一步服务的信息。

关于 CISD 的效果，尚存在争议。在证明其有效的研究中，Jenkins（1996）针对参与大规模枪击事件救援的护理人员和紧急医疗工作者实施 CISD 后发现，在危机事件一个月内，CISD 在减少抑郁和焦虑症状方面效果明显。Leonard 和 Alison（1999）对经历枪击事件之后的澳大利亚警察的研究发现，参与 CISD 的警察，愤怒指数降低，情绪有所改善。Deahl 等（2000）的随机化研究发现，CISD 对减轻酒精滥用和 PTSD 症状效果良好。Litz 及其同事（2002）对 CISD 和 CBT（认知行为疗法，cognitive behavior therapy）技术进行对比研究后发现，CISD 对不同形式的危机受害者广泛适用，对当事人安全感的提升、注意力增强等方面贡献较大。

同时，另一些研究则显示 CISD 并不总是能有效预防 PTSD 的发生。Bisson、Jenkins、Alexander 和 Bannister（1997）对住院烧伤者的研究发现，在进行 CISD 三个月后的评估中，控制组与 CISD 组的 PTSD 发生率没有差别，但 13 个月后的评估发现，CISD 组的 PTSD 发生率明显高于控制组。由美国联邦紧急事务管理署牵头进行的一项为期三年的研究发现，CISD 对 PTSD 的发生率没有影响（Harris，Baloğlu，& Stacks，2002）。最近的一项研究也不支持 CISD 技术的广泛应用：Begley（2003）对土耳其地震中接受 CISD 的求助者进行访谈后发现，部分求助者的创伤症状在一定程度上反而变得更为严重。

（三）心理急救（PFA）

1980 年，PTSD 被认识之后，防止心理创伤成为人道主义援助机构的重要工作之一。然而，事实证明聚焦创伤而采取的干预措施常常是无效的，甚至是有害的。更可靠和安全的干预方法是关注灾民的心理需要，随后早期的心理干预开始与社会支持相融合，形成新的心理社会支持概念。由此，提供社会心理支持的广泛干预措施逐步形成，其中一个干预策略便是心理急救（psychological first aid，PFA）。心理急救被世界卫生组织定义为"为正迫切需要或可能需要心理支持的人提供人道主义的、支持性的响应"，干预措施包括倾听、安慰、帮助与他人建立联系、提供信息及实际支持以满足其基本需要。心理急救以 5 大关键原则为核心，即安全性、连通性、自我与集体效能、冷静、希望。使用循证方法得出的指南去指导实践和培训已经成为世界卫生组织与红十字会等相关机构的黄金标准（引自彭碧波，付辉，张亚丽，罗发菊，郭晓，2015）。

2008 年 "5·12" 大地震后，美国国立儿童创伤应激中心（NCCTS）和美国国立 PTSD 中心，以及加州大学洛杉矶分校的 Alan Steinberg、Robert Pynoos 和 Melissa Brymer 授权中国翻译了英文版《心理急救现场操作指南》（第二版）（*Psychological First Aid-Field Operations Guide*，2nd Edition，

2006）。下面即以童慧琦组织编译的《心理急救现场操作指南》（2008）为基础来简要介绍心理急救的基本目标与核心行为。

● 心理急救的基本目标

1. 建立互不侵犯的人与人之间的互爱关系。

2. 快速加强安全感，提供体质和情绪安慰。

3. 安定和引导情绪复杂和困惑的生存者。

4. 帮助生还者阐明特别的需求和顾虑，加强信息沟通。

5. 提供信息和实践帮助，解决生还者的燃眉之急。

6. 建立灾后社会联系网络，包括生还者的家庭成员、朋友、邻居和社区等扶助资源。

7. 协助生还者身心康复，并且让他们在恢复的过程中起到自主的引导作用。

● 心理急救的核心行为

1. 接触和投入

目标：回应幸存者发出的接触信息，或者以非打扰性、富有同情心以及乐于助人的态度主动接触幸存者。

2. 安全和舒适

目标：提高幸存者的直接而持续的安全感，使其得到精神和情感上的舒适。

3. 稳定（必要时）

目标：安抚和引导情绪崩溃或失控的幸存者。

4. 收集信息：目前的需求和忧虑

目标：识别幸存者直接的需求和忧虑，收集额外信息，制定心理急救干预措施。

5. 实际帮助

目标：向说出直接需求和忧虑的幸存者提供实际帮助。

6. 联系社会援助

目标：帮助幸存者与家庭成员、朋友等主要援助人员以及其他援助资源如社区援助设施等，建立起简要（brief）以及持续的联系。

7. 应对信息

目标：提供关于应激反应以及减轻应激的信息，提高幸存者的适应功能。

8. 联合协助性服务设施

目标：帮助幸存者获取他们当时或以后所需要的服务设施。

上述核心急救行为构成早期、事件发生后的头几天或者头几周的心理急救基础。急救提供者针对幸存者的特殊需求和忧虑而采取的各项措施所能花费的时间应当灵活，这是急救行为的基础。

《心理急救现场操作指南》阐明了信息搜集的技巧，这些技巧可以让救护人员快速收集生存者的顾虑和需求，作为进一步保障灵活措施的依据。心理急救的决策是经过户外生存检验的事实验证的，适用于一系列的灾难性场合。心理急救强调（身心）发育和文化（发展）的多样性，所以适合各种年龄层次和背景的人。心理急救也包括提供康复手册，从而为青少年、成人和家庭克服困难提供指引。

心理急救的方法提示我们开展现场心理危机干预的必要性和重要性。在危机事件发生后的头几天，可以及时针对被干预对象的应激反应开展相应的工作，而不是等到症状发展成为较为复杂的 PTSD 之后，早预防、早干预可以大大降低干预难度。

（四）暴露疗法

在治疗环境中，暴露疗法用以帮助患者直面他们所害怕的记忆和情境，被成功地用于治疗很多种精神疾病，包括恐惧症、惊恐障碍、强迫症等。近30年间，暴露疗法被应用于PTSD的治疗，其技术包括满灌（flooding）、想象（imagined）、实景（in vivo）、延时（prolonged）或有指导的（directed）暴露（施琪嘉主编，2006）。这些不同的暴露治疗技术的共同点在于，在治疗的设置中，让患者直面他感觉恐惧但事实上是安全的刺激，这种刺激一直持续到患者的焦虑减轻，从而减少那些通过负性强化得到维持的逃跑（escape）和回避（avoidance）行为。因其疗效经过很多研究的证实，在PTSD的治疗中，暴露疗法成为评价其他疗法的一个参照（Chambless & Ollendick，2001）。习惯化（habituation）——当同一刺激被反复地呈现时，机体对该刺激的反应性降低——是焦虑降低的最简单和直接的机制。

不同的治疗/研究中，治疗次数一般在8～12次之间，每次的时间在60～90分钟不等，可以作单纯的想象治疗或实景暴露，也可以两者结合进行。也有通过认知重建（cognitive restructuring）合并想象暴露进行治疗的，时间每次长达105分钟（45分钟想象暴露，15分钟休息，45分钟认知重建），但两者合并进行的疗效比单纯进行认知重建或想象暴露疗效更好（Marks，Lovell，Noshirvani，Livanou，& Thrasher，1998）。

暴露疗法的理论核心实质是系统脱敏，即在科学、严谨的程序中循序渐进地暴露在创伤刺激当中，逐步适应，直到不再引发相应的心理反应或引发的心理反应不再对个体造成显著影响。暴露疗法的效果作为评价干预方法效果的效标，提示我们在形成现场危机干预技术的过程中，创伤暴露有可能是干预过程必备的步骤，是干预效果得以保证的一部分。

（五）眼动脱敏与再加工（EMDR）

1991年，眼动脱敏与再加工（eye movement desensitization and reprocessing，EMDR）作为一种新的、在时间上非常经济的治疗技术开始发展，主要与创伤性的记忆和症状有关。EMDR 治疗已经积累了一系列经验性的诊断和临床经验。一项元分析显示（Van Etten & Taylor，1998），EMDR 治疗对 PTSD 患者的治疗比药物治疗效果要好。其突出的优点在于省时、简单、效果显著。于是，EMDR 被推荐作为美国老兵 PTSD 的主要治疗方法（施琪嘉主编，2006）。

EMDR 是一种整合的心理疗法，它借鉴了控制论、精神分析、行为、认知、生理学等多个学派的精华，建构了加速信息处理的模式，帮助患者迅速降低焦虑，并且诱导积极情感、唤起患者对内心的洞察、促进观念转变和行为改变以及加强内部资源，使患者能够达到理想的行为和人际关系改变（董强利，叶兰仙，张玉堂，2012）。EMDR 的疗效得到了比较多的认可，经过一次治疗后，患者即可获得多方面尤其焦虑症状的改善，而且无反弹的趋势（施琪嘉主编，2006）。

Shapiro（2001）给 EMDR 治疗规定了 8 个步骤，包括：采集一般病史和制订计划；帮助患者稳定（情绪）和进行必要的准备；采集创伤病史；脱敏和修通；巩固维持；躯体测验；结束；反馈意见。在 EMDR 治疗技术的 8 个步骤中，每一个步骤的使用都依对象的不同而有所区别，所以在使用时应该适度，要有很好的计划，否则，其治疗效果会打折扣。EMDR 的每个步骤需要多次治疗，一次治疗所需时间比较长（1.5～2 小时）（Shapiro，2001）。目前，国际上已有公认的 EMDR 专业学会。掌握创伤心理学的基础知识、进行专门的培训是准确使用 EMDR 技术的基本前提（施琪嘉主编，2006）。

由于 EMDR 可操作性极强，很多人误以为参加 1～2 次学习班就掌握了技术，可以在临床上随意运用了，殊不知 EMDR 技术发展至今，已经融合了神经科学、精神分析、行为医学和精神病理学等众多学科的知识，也包括各个学科的最新进展（施琪嘉主编，2006）。

综上，EMDR 治疗程序的实施是非常复杂的，而且用时较长，这两个特点决定了传统的 EMDR 无法满足组织对于职业人群现场心理危机干预工作高效性的要求。另外，培养一位专业的 EMDR 治疗师无论从时间还是专业要求方面来说，都相对非常困难。这些都提示我们，EMDR 技术虽然效果毋庸置疑，但是在满足职业人群现场危机干预工作的要求方面却面临巨大的挑战。因此，在 EMDR 的基础上发展出一种操作快速、简捷、有效的方法就显得至关重要。

（六）表达性艺术治疗

在所有表达性艺术治疗中，发展最为迅速的有音乐疗法、戏剧疗法和舞动疗法，它们不仅可以辅助传统心理治疗，还能单独成为一种支持性和教育性的治疗技术。这些治疗技术现已被广泛运用于门诊患者、患者家属和其他团体中，甚至在私人执业的诊所中也有所运用。同时，相关的心理治疗组织开始制订关于培训、执业资质、认证、注册和颁发许可证的标准。同时，近几年相关领域的研究和著作也在逐步增多。在突发事件心理援助的团体干预中，较常使用的艺术治疗有舞动疗法和音乐疗法。

1. 舞动疗法

舞动疗法，又称舞蹈治疗、动作治疗（dance and movement therapy），是以动作的过程作为媒介的心理治疗，即运用舞蹈活动过程或即兴动作促进个体情绪、情感、身体、心灵、认知和人际等层面的整合，既可以治疗身心方面的障碍，也可以增强个人意识、改善人们的心智。舞动疗法在全世界被广泛应用，既有基于个体的治疗也有团体治疗。治疗师可以通过所谓的"动作共情""互动性同步"和"回馈反响"来理解身体动作的象征意义并揭示出内在的心理过程。

个体的身体动作（姿势、框架、步伐以及肌肉的协调程度）可以反映其紧张程度以及性格特点。跳舞的方式（身体方向、协调度和空间的利用）其实可以传递出许多的内在冲突。自由式的舞蹈往往会带动身体特别的部分发出一些姿势和动作，表达的顺序、迟疑以及侵略性的移动对于舞者来说都具有其意义。因此，舞蹈不仅可以被用来宣泄情绪，还可以用来表达态度和冲突。而独舞和即兴表演、民间舞和流行舞都可以帮助个体具体化自己的情感，并为进一步的社会参与提供桥梁。

和其他艺术疗法一样，在舞动疗法中，个人关系的卷入对来访者的影响是最大的。在"舞动关系"里，来访者有机会通过克服自身的害羞和紧张来进一步进行自我肯定和自我表达。舞动治疗师往往会在团体（或个体）治疗中使用身体觉察的技术。这些技术形式多样，从瑜伽到太极拳，再到Jacobson的渐进性放松。使用这些技术的目的不仅仅是引导个体放松，同样也是为了促进个体情绪的宣泄、调节身心的敏感度以及进一步的自我觉察。对肌肉的舒适度、身体姿势、呼吸和身体动作的一系列觉察会有利于关注自我，关注到自己的防御和冲突。对肌肉紧张度和姿势的练习会有助于减轻焦虑、释放能量并增强信心。聚焦于某一肌肉群组可能会促进记忆的倾诉和重新体验与过去事件相关的情感。

2. 音乐疗法

能让人平静或是感觉被打扰的声音会对我们的生理和心理产生一致性的影响。因此，忽然而来的巨响可能会增加害怕或恐慌，协奏曲则会增加愉悦感；节奏感强的音乐会激发机体的活跃度、缓解紧张情绪，刺耳甚至尖锐的音乐则会让人紧张，甚至给人带来痛苦。声音会对大脑皮层和皮层下的区域产生影响，同时还会影响自主神经系统。协调的、有节奏的旋律会激活人的情绪感受，包括开心、激动和悲伤的情绪。因此，越来越多的人对在治疗中使用音乐感兴趣。在《音乐治疗杂志》（*Journal of Music Therapy*）中有很多有趣的相关主题研究。

很少有人怀疑音乐能对人产生刺激，可以让人放松和镇定。音乐早已通过不同的形式应用到精神病患者和神经症患者的治疗中。在某些情况下，音乐疗法会同时配有节奏乐队、演唱团体、音乐会或是社区歌唱俱乐部等，这样的形式往往能增加个人成就感，还能促进社会化。在医院、日间诊所或其他场景中，播放一些背景音乐可以帮助人释放压力、缓解紧张恐惧情绪，让人们从无聊中解脱出来，也许还能促进团队的工作。

音乐也可以用来作为打开患者沟通渠道的一个途径。在团体中，它也能成为大家将情绪感受表达出来的诱因以及团体成员之间互相表达鼓励的工具。在投射感受之后，个体意识到自己对自己的感受承担着责任，并因此获益。对音乐的短评通常都夹杂着内在情绪感受的言语化。起初，这些感受并没有和个体联系起来，但随后，开始被当作个体的一部分。患者开始越来越多地谈到不同形式的音乐是如何对他产生影响的。在团体中，人们将有机会倾听他人，对比各自的感受，同时获得其他听众的认同。对音乐治疗师和团体其他成员的移情往往是不可避免的，而且这也将为探索、澄清和互相理解提供机会。A. F. Fultz 认为，音乐治疗如果可以得到恰当使用，就能够实现下列康复目标：（1）有助于诊断和制订治疗方案；（2）建立并培育社会化；（3）提升自信心；（4）控制过度活跃；（5）加速技能的学习；（6）有助于言语障碍患者的矫正；（7）促进非语言向言语的转化。通过这样的方式，音乐可以成为一种辅助的治疗工具，而且受过良好训练的音乐治疗师也能成为治疗方案中有建设性的团队成员。

还有一些研究探讨了对特殊人群和特殊情境的表达性治疗干预（引自童辉杰，杨雪龙，2003）。Gordon、Farberow 和 Maida（1999）讨论了针对亲历灾难事件的儿童的干预，并提出了相应的干预措施，包括：提供有关事件本身的信息，强化正经历的焦虑与恐惧的合理性，鼓励他们在群体或个人场合表达出自身的情感（对年幼的孩子主要通过画画或玩耍来表达），增强他们个人和家庭的应对能力，提供具体的应对技巧以减轻应激反应。Huleatt、LaDue、Leskin、Ruzek 和 Gusman（2002）讨论了 2001 年"9·11"事件后家庭援助中心（FAC）的建立及其所提供的服务。建立 FAC 的目的是为失踪者和已故者的家属提供干预，这些干预是非指导性的、非结构化的情感支持。此外还有不少研究探讨了在学校环境中的危机干预等。Doherty（1999）则讨论了在危机干预中重视文化因素的重要性。

从表达性艺术治疗的方法中，我们可以学习和借鉴的地方很多。像团体的舞动治疗中，个体的肢体动作可以促进情绪宣泄，而且在团体中，可以通过彼此的肢体语言达到情感交流的目的。肢体语言能让团体成员彼此感知到来自对方的情感支持，体验到温暖和力量，这一点对于我们应对恐惧情绪至关重要。这就提示我们在现场危机干预中，可以采用团体活动的方式来开展工作，以便迅速拉近团体成员之间的心理距离。但同时，在团体活动的选择上，也需要谨慎，因为在危机现场，大家往往沉浸在悲伤、难过的情绪体验中，某些容易激发成员愉悦情绪体验的团体活动就会不合时宜，容易引起大家情绪上的不接纳，因此，团体活动的选择需要非常谨慎。音乐治疗提示我们，在现场危机干预的过程中，可以选择能够平复情绪的音乐作为帮助大家管理情绪的工具，因为音乐能让被干预对象体验到被支持、被理解。

第三节　职业人群现场心理危机干预技术新探索

一、职业人群现场心理危机干预目标和原则

（一）职业人群现场心理危机干预的目标

职业人群的现场心理危机干预就是在危机发生之后，在最短的时间内帮

助遭遇危机事件的个体缓解和消除心理危机所带来的负性影响。通过准确的评估和及时有效的干预，一方面可以帮助他们快速恢复战斗力、工作能力，保障组织的正常运转；另一方面可以将问题解决在初级状态，尽可能地降低他们未来遇到更严重、更复杂心理问题的可能性。从这一可操作性定义出发，可以明确现场心理危机干预需要实现两个主要目标。

1. 快速恢复社会功能

危机事件发生后，当事人可能出现生理反应（做噩梦、失眠、呼吸困难、无法正常饮食等）、情绪反应（焦虑、恐惧、无助、烦躁等）、认知反应（健忘、效能低、高警觉、注意力狭窄等）、行为反应（退缩、沉溺于某种行为、自责、埋怨等），这通常会影响到当事人正常的工作和生活状态，即社会功能受损，从而降低组织绩效和团队的战斗力。因此对于职业人群来说，在危机事件后尽快恢复社会功能，包括正常地睡眠、饮食、工作和生活就是他们的第一需求，也是我们开展现场心理危机干预工作的主要目标之一。

2. 预防未来更严重障碍的发生

危机事件发生后，个体的心理危机反应如果不能得到及时的处理，就有可能发展成为更严重的障碍甚至精神疾病。为此，须及时地对受害者的心理危机反应进行处理，降低其发展成更严重障碍如急性应激障碍（ASD）、创伤后应激障碍（PTSD）等的可能性。

（二）职业人群现场心理危机干预的原则

从职业人群现场心理危机干预的组织性、高效性、技术简捷易学习三大特点来看，结合现场危机干预的两大目标，即快速恢复社会功能和预防未来更严重障碍的发生，职业人群现场心理危机干预工作需要遵守以下原则。

首要的是快速响应。针对危机的突发紧急性，危机干预工作应在危机事件发生之后快速启动。一般认为危机发生之后的 2 天至 2 周是现场危机干预的黄金时间。危机干预工作者应快速对危机事件、受影响的人员和现场资源进行评估，构建现场心理动力模型，并快速进行危机干预工作。为了达到快速的要求，每一个环节所采用的方法和技术也必须简捷易操作，并且能够有效地帮助危机事件受害者恢复社会功能，预防更严重心理问题的产生。

二、现有危机干预技术在职业人群现场心理危机干预中遇到的挑战

在危机干预领域，国内外研究者都做了大量的工作。20 世纪 70 年代初，随着危机干预理论研究的不断成熟，心理危机干预正式成为世界卫生组织的研究课题。最近 40 多年来，一些发达国家建立了较为完善的心理危机干预机制，如美国建立的心理健康社区反应联合体（the Mental Health Community Response Coalition，MHRC）就在 "9·11" 事件的心理危机干预中发挥了重要作用（Dodgen，Lague，& Kaul，2002）。日本、以色列等危机高发的国家在此领域也积累了较为丰富的实践经验，每当危机事件发生后，政府或有关机构会立即组织专业人员开展心理危机干预工作。我国心理危机干预的研究是近些年才开始的，首次较为正式的危机干预发生于 1994 年。当时，北京大学精神卫生研究所专家对新疆克拉玛依市火灾伤亡者家属进行了 2 个月的心理危机干预工作，取得了较好的效果（引自刘新民主编，2008）。2002年的大连空难发生时第四届亚太地区精神科大会也在举行，因而专家团队能够快速介入。2003 年 "非典" 事件中的心理危机干预，则使大众更加了解了心理危机干预，在事件发生后的心理援助中，救助规模、干预人员数量和干预方法的种类都创历史新高。

目前国内外采用了众多的个体和团体专业危机干预技术，但有关整体组织实施的技术一直没有形成共识，所以这些干预技术在现场心理危机干预中都遇到了巨大的挑战，以下逐一阐述。

第一，目前对心理晤谈、CISD 的干预效果研究表明，该类方法在能否降低 PTSD 或其他心理疾病的发生率方面结果不一致。

该类方法通常都需要对当事人进行多次干预才能发挥良好的情绪疏解效果，而且短期的情绪疏解并不一定能够有效地预防未来 PTSD 或其他心理疾病的发生，甚至有可能会带来伤害。例如，Begley（2003）对土耳其地震中接受 CISD 治疗的求助者进行访谈后发现，部分求助者的创伤症状在一定程度上反而加重了。Everly 和 Mitchell（2000）对各类危机干预的研究报告进行分析后发现，接受干预组和控制组（未接受干预组）在一些主要的结果上没有显著差异，而且接受干预组在 3 至 6 个月后，自我报告 PTSD 症状有加重的趋势。Mayou、Ehlers 和 Hobbs（2000）对交通事故进行了一项研究，他们在事故发生后 24 小时至 48 小时，将幸存者随机分为干预组（进行单次个体晤谈，持续 1 小时）和没有实施紧急晤谈的控制组。4 个月后，干预组的 PTSD 症状、一般精神病性症状、害怕、疼痛、躯体问题、经济问题明显高于控制组。所以，Mayou 等认为个体情况下的紧急晤谈对预防 PTSD 效果不佳，创伤恢复的远期结果也不佳。

由此可见，心理援助过程中，心理晤谈或 CISD 能在一定程度上疏解当事人的情绪状态，但是对于后期可能产生的 PTSD 或其他心理疾病的预防效果不佳。

第二，像暴露疗法、EMDR 这些效果较理想的方法，无法满足危机干预现场快速、简捷、有效的工作原则。

在前面综述的部分，我们可以看到，暴露疗法通常作为评价其他方法有效性的效标，而 EMDR 也是国际公认的有效的创伤治疗方法，这两种方法的效果均是毋庸置疑的。这些方法如果是在治疗室里用于个体的创伤治疗，治疗师可以分批分次、有节奏地开展工作。但是，在现场危机干预中，时间紧迫，任务繁重，所以这些方法虽然有效，可操作性方面就遇到了巨大的挑战，无法满足组织要求的简捷、快速、有效的工作原则。

第三，在个体和团体专业危机干预技术之外，整体危机干预的组织实施中对工作机制、团队分工、工作流程等方面缺乏标准化。

Cornell 和 Sheras（1998）讨论了危机干预中的重要制约因素，认为领导的质量、团队工作和责任是危机干预是否成功的重要影响因素。他们对一些个案进行分析后发现，领导的软弱、团队工作的问题、不能负起责任会妨碍危机干预工作的顺利开展。由此可见，危机干预的组织实施至关重要。

虽然有研究者关注了危机干预实施过程中关于团队领导、管理层面的相关内容，但是到目前为止还没有明确的有关组织实施中团队分工、人员分级、工作流程等内容的理论框架。为此，迫切需要针对团队组建、工作流程提出一整套标准化的组织实施方法。

第四，"公共卫生事件人员分级标准"无法实现现场心理危机的针对性评估，致使干预不足或干预过度，从而影响干预效果。

在危机干预现场，一线救援人员、受灾人员众多，而且他们受事件影响程度不同，如果按照通用"公共卫生事件人员分级标准"进行人员分级，就会忽略个体差异，使得真正需要干预的个体没有得到及时干预，而在受影响程度相对较小的个体身上，干预者却花费了大量的时间，直接导致资源浪费。以上两种情况均无法满足现场危机干预快速、简捷、有效的工作原则。为此，迫切需要形成危机现场的心理动力模型，从而有针对性地实施干预。

诸如此类的困境，激发了我们开始积极探索：什么样的技术更能满足组织快速、简捷、有效的要求？在危机干预的组织实施中，如何组建团队、合理分工？干预者需要具备何种心理品质，需要经过何种专项训练，采用何种工作模式开展工作？如何构建现场心理动力模型，高效开展心理危机干预工作？尤其是当下，科技迅猛发展，人机交互技术、虚拟现实技术等都开始在心理治疗领域崭露头角，探索如何利用新技术更好满足现场心理危机干预的需求就变得更为迫切。

三、职业人群现场心理危机干预技术突破

（一）结合心理刺激源和心理刺激强度对受害人群进行分级

心理危机干预工作的开展，需要建立在对危机事件和受害者深入了解的基础之上，尤其是受害者被影响程度的大小，直接决定了所采用的干预措施。2008 年由中国劳动社会保障出版社出版的《心理危机干预指导手册》，按照人群受影响的特点提出"公共卫生事件人员分级标准"，即：

- 一级受害者，指突发危机事件直接受害者或死难者家属。
- 二级受害者，指现场目击者或幸存者。
- 三级受害者，指参与营救与救护的间接受害人员，主要有医生、护士、战士、警察等。
- 四级受害者，指突发危机事件区域的其他人员，如居民、记者、二级受害者家属等。
- 五级受害者，指通过媒体间接了解了突发危机事件的人。

通用"公共卫生事件人员分级标准"方便干预者在到达现场前，对受害者进行初步判断，但也存在一个缺陷，即受害者感受到的刺激强度会有差异，承受刺激的程度也会有差异，故在现场危机干预过程中，需要针对被干预者感受到的刺激强度有的放矢地开展工作。

例如，依据"公共卫生事件人员分级标准"，在一起重大交通事故的现场危机干预中，参与救援的医务工作者属三级受害者。但是具体来看，新入职的医生或护士和资历较老的医生或护士对危机现场的感受是不一样的。此外，

同为救援人员，武警战士与医务工作者因工作重点不同，看到的刺激场景是不一样的，导致两个群体感受到的刺激强度亦是有差异的。

因此，现场心理危机干预须根据被干预者接受的心理刺激源及产生的心理刺激强度进行分层干预，以提升干预的成效。

（二）危机干预现场心理动力模型关注干预双方

现场心理动力模型的提出，可同时兼顾危机干预现场的干预者与被干预者双方，激发双方的心理动力，有助于实现现场快速、有效解决心理危机。

1. 被干预者的角度

通常情况下，被干预者接受的刺激强度越大，受到的影响程度越深，就越痛苦，社会功能受损就越大，寻求帮助的动力就越大。但是，受职业责任感、性别、年龄、对心理学的认知度等因素的影响，很多被干预者存在明显的防御机制，表现出受影响程度和动力状态不对等的情况。被干预者的心理动力大小可以表现为是否愿意主动接受心理干预。如果被干预者的动力很足，那就可以直接按照干预方案实施干预工作；相反如果被干预者的动力不足，这时候干预工作的开展就会遇到困难。但是被干预者的动力不足并不意味着危机事件对其没有负性的心理影响，或者长期的负性心理影响不会复杂化。因此在这种情况下要确保危机干预工作的顺利开展，需要面向被干预者的求助动力进行技术破冰。

2. 干预者的角度

干预者的心理动力大小可以通过其是否愿意或者是否适合承担现场心理危机干预工作来评量。一种情况是动力充足，可以承担挑战性强的干预任务，但是在动力过大且遇到任务失败时，会更容易因为遭遇挫败而导致职业倦怠；另一种情况是干预者动力不足，此时就有可能存在逃避工作责任的现象。因此在危机干预现场，督导的环节异常重要，需要把干预者的动力水平调整作为督导的重点。

此外，随着时间的变化，干预者和被干预者会获取大量有关事件的信息，这会使得他们面对的刺激源、感受到的刺激强度、求助心理动力处于不断的变化中。因此，需要不断地评估，建构动态的现场心理动力模型。根据此模型形成的系统危机干预方案将更有针对性，让危机干预更加有的放矢。

（三）图片-负性情绪表达/打包干预技术重点聚焦创伤性画面

在重大危机引发的应激障碍中，均有闪回症状，即被干预者脑海中不由自主、反复出现灾难现场的画面（图片），并伴随强烈的情绪和生理反应如恐惧、失眠、头痛等。闪回往往以危机事件中最强烈的刺激画面为载体。画面的反复侵入会促使个体再次体验这个创伤事件，而再次体验创伤就会引发其他的应激反应。

图片-负性情绪表达技术是以强烈刺激画面及其带来的负性反应为切入点，结合 CISD、团队情绪表达、肢体行为动作传递彼此间的情感支持等有效因素，在大量的实践中所形成的团体危机干预技术。而图片-负性情绪打包处理技术则是结合暴露疗法、EMDR 中创伤暴露、眼动等有效因素所形成的个体干预技术，它可以在 20 分钟内削弱或消除闪回画面，从而大大降低急性应激反应。经过十几年的探索和实践，目前关于这两项技术比较完善的工作体系已经形成，其符合现场危机干预简单、快速、有效的工作原则。

（四）强化危机干预工作者的职业化培养

在危机现场开展工作可能会遇到各种突发情况，如看到断臂残肢、血腥场面，听到被干预者描述一些强刺激画面，这些信息可能就会对干预者的心理状态造成影响，从而可能导致其陷入心理危机。这样不仅不能很好地完成组织交付的干预任务，而且会对干预者自身的心理健康产生重大影响。因此，现场心理危机干预工作要求干预者具备相应的基础心理品质。为此，要对干预者所能承受的刺激强度进行评估，以确保干预者在面对高强度的刺激画面时不会出现严重的心理反应从而影响到正常的干预工作。干预者也需要接受相应的危机干预技术训练，如针对危机现场常见的场景接受脱敏训练等。这些素质要求和专业训练的明确提出，可以为组织储备心理危机干预骨干指明方向。

（五）"三人小组"的工作模式保障干预工作的有效、有序开展

心理危机干预工作本身充满挑战性和不确定性，其工作环境、工作时间和工作对象都具有特殊性，这些对于危机干预工作者都是严峻的考验。个体如果独自进入这样的工作场景中，就会面临巨大的风险，不仅不能开展工作，可能自己的身心也会受到伤害。即便一次不会造成太大影响，多次接触也容易造成明显的职业倦怠，这时就需要干预者借助团队的力量。原因在于：第一，从工作环境来看，干预者经常会面对强刺激画面，需要利用团队的力量来战胜恐惧情绪；第二，从工作对象来看，由于被干预者经常面临剧烈的丧失体验，干预者常常会陷入高度情感卷入状态，需要团队温暖的支持来应对这样的情绪状态；第三，在危机干预现场工作经常是多元的，除了专业干预工作，还有与各方面的协调、沟通，这些都需要团队的多个角色来完成。

故此，"三人小组"的团队作战工作模式在实践中产生。"三人小组"是指开展危机干预工作至少包含三个角色：领队、业务助理和行政助理。他们在危机干预过程中分工协作，各司其职，群策群力，最大限度地应对危机干预中的不可预知情况。另外团队成员彼此支持，协同作战，可以发挥团队的力量和作用。

（六）危机干预组织实施的标准化工作机制使现场工作更有章法

职业人群的现场心理危机干预工作远远不止技术工作本身，如何有秩序、规范地组织现场危机干预工作也至关重要。比如：接到危机干预任务后，如

何组建团队、明确团队分工；危机干预团队进入现场后，按照何种技术路线有序开展工作。这些内容的标准化可以使整个危机干预工作开展得更有章法、更有效率。同时，也方便上级单位、被干预者等能够观察到我们的干预工作，更易于与我们建立信任关系，为我们提供强有力的资源保障和支持。关于现场危机干预中团队组建、角色分工和具体职责、工作开展的技术路线将在第七章"现场心理危机干预的组织实施"中进行详细介绍。

（七）心理危机干预计算机辅助系统规范危机干预工作流程

经过前期大量的理论探索和技术实践，我们探索出一套心理危机干预工作的整体组织实施、团体干预、个体干预的技术路线。而在实践过程中，为了更高效地培养专业人员，以及规范操作技术、提高干预效率，我们还对这套技术进行了计算机化，研发了心理危机干预计算机辅助系统。该系统可以实现组织实施、团体干预、个体干预的技术流程标准化，档案记录的实时化，以及干预案例管理的信息化。为了满足不同的使用场景，这套系统还具有多样化的特点，比如在咨询室中有场室版，外出现场有便携版，深入灾后现场有恢复车版。

随着我们的专家团队在执行职业人群的现场心理危机干预过程中不断进行总结、提炼和升华，心理危机干预的工作模式、工作方法日趋完善，形成了指导下一步工作的技术框架。其中，心理刺激源、心理刺激强度、现场心理动力模型等是职业人群心理危机干预工作体系中原创性核心概念，而心理行为训练、图片-负性情绪表达技术、图片-负性情绪打包处理技术三种干预方法也是专家团队在实际工作和前人经验基础上进行的大胆创新。接下来的第二章和第三章将分别介绍心理刺激源和心理刺激强度、现场心理动力模型构建，第四、五、六章将分别详细介绍三种干预技术的具体操作流程。

第二章　心理刺激源和心理刺激强度

在危机现场，不同的刺激源可以引发不同的刺激反应。相同的刺激源也会因为个体经历、耐受性的不同产生强度不同的刺激反应。因此，只有标定心理刺激源和心理刺激强度两个概念才能确定危机事件对个体的影响程度。本章包含两节内容，介绍了心理刺激源的概念、特点与分类，心理刺激强度的概念、特点与分类以及变化曲线。这两个概念是描述个体心理受影响程度的基本维度，可以帮助危机干预工作者快速了解和评估现场强烈刺激的来源是什么，这个刺激会带来多大强度和频率的应激反应，以及随着时间的变化被干预者的心理应激反应会产生怎样的变化。以上这些都是制定和实施干预方案的基本依据。

第一节　心理刺激源

如何快速了解和评估个体心理危机的严重程度？第一个参考标准就是引起心理危机反应的来源——心理刺激源。

一、心理刺激源的内涵

传统的心理学理论多使用应激源一词，用以描述引起个体身心紧张状态的外部威胁。应激源一词被广泛使用，既包括个体在生活、工作以及社会中碰到的常见问题（职场压力、夫妻争吵、收入压力、环境问题、食品安全问题等），也包括某些突发事件（失去亲人、遭遇社会事件和重大灾难等）。

相对而言，在危机场景下，由于危机事件的突发性、复杂性，被干预者即便在同一应激源下也会表现出迥然不同的身心反应。比如，同样参与汶川地震的一线救援，医务人员和官兵就会产生不一样的心理反应。由此可见，单用应激源这个物理概念无法精准地描述个体的受影响程度，所以我们使用心理刺激源这一概念。心理刺激源重点强调在突发危机状况下，个体主观感受到的刺激源。

二、心理刺激源的分类与特点

不同的心理刺激源，往往导致被干预者的身心反应有巨大差异。因此，在进行心理危机干预过程中需要明确心理刺激源是什么，从而初步评估这个心理刺激源可能导致的身心反应及其强烈程度。这一评估工作有利于后期的干预过程，为我们选择具体的干预方法提供参考。

按照人体接受刺激的感官通道，可以将心理刺激源分为视觉、听觉、嗅觉和触觉刺激源。大多数个体大脑接收和加工信息的主要形式是视觉，所以，在危机干预中最常碰到的心理刺激源是视觉刺激源，比如公安民警在执行任务时目睹各种车祸、命案现场后，救援官兵执行救援任务时目睹各种惨烈的灾难现场后，危机现场的群众或者通过网络观看到某些恐怖视频的个体在目击事件后，都可能会产成一定的心理危机反应。

听觉刺激源常常包括爆炸的声音、被害者惨叫的声音等。比如距离跳楼自杀现场较远的目击者，虽然没有看清楚现场的状况，但是自杀者跳下时喊叫以及重重落地时的声响，都会给目击者造成一定的影响。

嗅觉刺激源往往与危机事件现场有密切联系，比如腐烂尸体的气味、燃烧的气味等。比如某执勤民警在巡逻过程中发现自己辖区内的一对夫妻喝农药自杀，处理完这个案子两周的时间里，民警总是感觉周围有农药的气味，特别是回到家里后会更加严重，所以不断用手抠鼻子、拔鼻毛，但是农药味始终无法消除。在这个案例当中，现场虽然惨烈，但是该民警之前办案经验丰富，已经对这类视觉刺激源脱敏，最大的心理刺激源反而是弥漫在事发现场强烈的农药气味。

触觉刺激源往往产生自被干预者触碰到某些令人恐惧、厌恶、恶心的物体，比如某位年轻的武警战士在执行灾后救援任务时，不小心接触到了死者的残肢，当天救援结束后一直寝食难安，总是觉得自己的手指有异样的感觉，害怕自己的身体出现什么问题。

由此可见，不同的人在同样的事件当中有可能遭遇不同的心理刺激源。目前在我们干预的过程当中遇到的绝大多数案例受视觉心理刺激源的影响，偶尔会碰到受听觉、嗅觉和触觉心理刺激源影响的情况。作为干预者，不管个体主观报告的是哪种感官通道的心理刺激源，都需要引导被干预者找到引发反应的画面，针对画面开展工作。

第二节　心理刺激强度

心理刺激源是快速了解和评估一个危机事件对干预者和被干预者影响程度的第一个参考标准，而心理刺激强度及其变化曲线则是第二个重要参考标准。

一、心理刺激强度的内涵

如何定义一个心理刺激源的影响程度？

一种观点是，按照刺激源进行分类，即认为接触同一类刺激源的人群会有相近的应激反应。比如将参与灾后救援的一线官兵都归为一类人群，将灾难的目击者归为另一类人群。例如我们国家的通用"公共卫生事件人员分级标准"就按照刺激源的类型划分，但这一分类标准忽视了不同的刺激场景带给个体影响的差异性，以及个体对刺激的反应的差异性。

另一种观点是，把心理刺激强度作为一个完全主观的概念，由个体对相应的心理刺激源做出评估。但是，这种完全个性化的评估对于整体了解心理刺激源的刺激强度缺乏指导意义，无法帮助救援组织和人员快速做出判断，不利于心理危机干预方案的制定和执行。

危机干预专家团队的经验是，既要考虑主观因素，又要尽可能客观和量化。为此，我们认为，心理刺激强度可以分为心理刺激源刺激强度和个体主观心理刺激强度两类：前者是指有多大比例的人员对某一特定的心理刺激源产生相应的应激反应。比如人群中有 70%～79% 的人出现心理应激反应，我们便将该心理刺激源定义为 7 级的心理刺激强度。后者是指个体主观感受到的心理刺激源对自身造成的影响程度。比如即便是面对同样的事件，同一批被干预者也可能存在着较大的个体差异。为此，可采用 1～10 级的主观量表来评估被干预者的主观刺激强度，其中 10 级表示个体心理承受能力的极限，而 1 级表示非常轻微。

二、心理刺激强度的评估

（一）心理刺激强度的分级与特点

1. 心理刺激源的心理刺激强度分级与特点

不同的心理刺激源往往会给被干预者带来不同的影响。为了快速掌握危机事件的影响程度，需要对心理刺激源做出一个快速的、整体的评估。

1～3级属于轻度刺激源：人群中约有0～39%出现应激反应。比如，车祸现场或运动中的擦伤等轻度皮肤损害，其对个体的影响程度就较弱。

4～6级属于中度刺激源：人群中约有40%～69%出现应激反应。比如，车祸现场中四肢断裂等开放性创伤，其会导致较多人出现恐惧、焦虑、回避等反应。

7～10级属于重度刺激源：人群中约有70%～100%出现应激反应，部分强刺激源可能引发严重的应激反应。比如，直接接触尸体、近距离看到肢体分离等，其会导致绝大部分人出现较为强烈的应激反应。

对刺激源刺激强度的评估，可以帮助我们明确干预者所需具备的职业素养，并据此明确需要进行的训练。这部分内容将在第九章"心理危机干预工作者的职业素养"中进行详细阐述。

2. 个体主观的心理刺激强度分级与特点

同一刺激强度的心理刺激源，不同的个体因承受能力不同，表现出来的反应会有很大差异，有的个体会感到强烈的恐惧、紧张，有的个体则可能非常平静和从容，这说明心理刺激量大小相对而言是主观感受，需要个体自身的评价和反馈。另外，我们发现，同一个体，接受同样的刺激源，在不同的接触时间也会表现出不同的反应。

为此，我们提出，心理刺激强度包括主观刺激量的大小和接触刺激源时间两个因素，其参考依据是被干预者的主观评定。具体在进行主观评定时，可以参考以下标准。

1～3级：出现一定程度的恐惧、焦虑、担忧等情绪，注意力、记忆力、思维能力等偶尔出现下降，但是不会对个体的工作、生活和学习造成影响。

4～6级：出现较为强烈的应激反应，如恐惧、焦虑、情感麻木等情绪反应，或者注意力、记忆力、思维能力受到一定影响，或者出现回避行为。日常工作、生活和学习受到中等程度影响。

7~10级：出现较为严重的闯入、闪回、做噩梦等症状，或者对与创伤经历有关的事件、情境产生回避行为，有的可能选择性遗忘，不能回忆起与创伤有关的事件细节，或者出现过度警觉、注意力不集中、易激惹等表现。日常工作、生活、学习受到严重影响。

对刺激源刺激强度、个体主观的心理刺激强度进行双重评估可以使评估工作更加客观、科学，但是在实际工作中常常会遇到当事人报告的主观刺激强度与刺激源刺激强度出现很大差异的情况。例如，在 10 级的刺激源强度下，有的被干预者报告主观的心理刺激强度为 1~3 级。这个时候干预者需要引起重视，特别是当干预者可以明显观察到被干预者情绪、行为等反应时。然后，分析这种差异出现的原因：是内心无意识的过分压抑，是刻意隐瞒自己的真实情况，还是源于对干预者的不信任？最后，针对不同的原因进行工作，即通过专业的技术共情、正常化教育等方式帮助当事人接纳自身的症状，并与其建立良好的信任关系，从而促进被干预者客观评估自身的主观心理刺激强度。

通过以上描述，可以非常清晰地定义每个个体所接受的心理刺激源的强度，这可以极大地帮助心理救援人员对心理刺激源快速做出相对准确的判断，初步评估涉事人员受影响程度并进行快速分级，以及快速制定初步的干预方案，从而大大提高心理危机干预的效率。同时，这也为构建现场心理动力模型提供了宝贵参考，便于心理救援人员掌握整个危机事件的未来走向和不同人群的心理变化曲线。

（二）心理刺激强度评估常见问题

被干预者在接受心理刺激强度评估时，往往会遇到各种各样的困难。为此，我们列出了在实际工作中遇到的常见问题，并给出相应的回应供读者参考。

1. 被干预者无法理解 1～10 级的概念

个别被干预者往往一时很难准确理解 1～10 级的概念，为此我们可以这样表述："假如这儿有一把尺子，它可以量出我们内心感受的强烈程度，其中刻度 1 代表强度最低，刻度 10 代表强度最高。你现在想一下，你内心的感受强度是多少呢?"

2. 被干预者很难准确评估具体级别

对此，可以先让被干预者按照轻度（1～3 级）、中度（4～6 级）和重度（7～10 级）三类级别进行评估，选择完之后再进一步细化，最终完成 1～10 级的评估。

三、心理刺激强度变化曲线

在危机事件发生后，每个个体的心理状态都会随着事件的推移而发生变化，有的变化属于心理创伤的正常自愈过程，而有的变化可能是异常表现。为此，可以通过对整体的心理状态变化曲线进行描述和评估，使当事人了解自身的创伤反应。

心理刺激强度变化曲线可以反映当事人在创伤事件或创伤情境发生前、中、后及干预时的心理变化过程。心理状态变化的内容包括情绪、认知、行为以及生理上的变化情况、每种变化的持续时间，以及其对社会功能的影响程度。

我们以当事人接触高强度的创伤事件和情境为例来看一下几种典型的心理刺激强度变化曲线（仅用作示范，不代表真实数据）。

（一）正常自愈过程的心理刺激强度变化曲线

在这种曲线中（如图 2-1 所示），当事人接触刺激源后，短时间内迅速产生强烈的应激反应，心理刺激强度达到 10 级左右，并且这种强烈的刺激会持续一段时间。约一周以后，刺激强度开始出现较为明显的持续下降，一般在一个月以内基本降低到 3 级以下。并且，随着时间的延续，刺激强度变化非常微弱，但是一般不会完全消失。也就是说，当事人再次回忆起这个创伤事件或者场景时，仍然会有心理反应，但是对自己的正常生活不会造成影响。

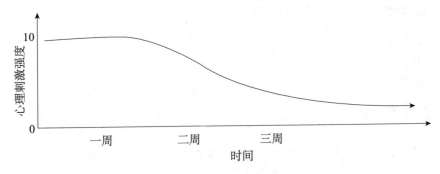

图 2-1　正常自愈过程的心理刺激强度变化曲线示例

（二）持续高强度的心理刺激强度变化曲线

在这种曲线中（如图 2-2 所示），当事人接触刺激源后，短时间内迅速产生强烈的应激反应，心理刺激强度达到 10 级左右，虽然随着时间的推移而有所减弱，但是减弱的程度和速度非常缓慢，即使 3～4 周后，刺激强度仍然保持在 6 级左右。并且，这种较高的刺激强度可能持续几个月甚至数年之久。

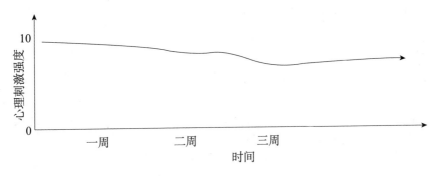

图 2-2　持续高强度的心理刺激强度变化曲线示例

（三）先抑后扬的心理刺激强度变化曲线

在这种曲线中（如图2-3所示），当事人在接触高强度的心理刺激源后，往往由于过分压抑内心的痛苦，反而感受不到强烈的刺激强度，出现过分沉默、冷静，甚至积极主动参与救援等表现。但是，约三周以后，当整体的救援工作结束后，当事人的心理刺激强度反而会升高。这种情况在职业群体，特别是警察和战士群体中较为多见。

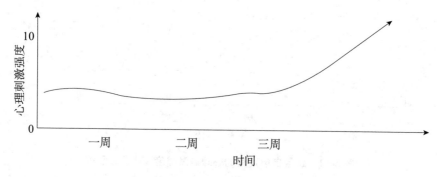

图2-3　先抑后扬的心理刺激强度变化曲线示例

（四）反复波动的心理刺激强度变化曲线

在这种曲线中（如图2-4所示），当事人刚开始有较高的心理刺激强度，但是在较短的时间，比如一周左右后，其心理刺激强度会迅速降至较低的水平，但是持续几天后又会迅速提升到很高的水平，如此反复。

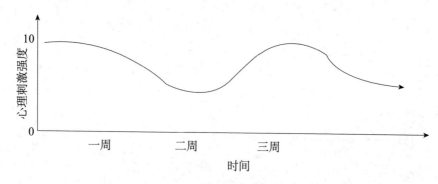

图2-4　反复波动的心理刺激强度变化曲线示例

　　以上四种是常见的心理刺激强度变化曲线，其中后三种是不正常的类型，需要在心理评估过程中重点关注。

　　心理刺激源、心理刺激强度及其变化曲线，这些都是了解现场心理危机状况的核心要素，但是光凭这些还无法整体、系统地了解整个事件和被干预者的心理状态。这就好比我们粗略估计出所需建造房子的各种数据，比如知道了房子的地点、面积、高度、大概的格局、朝向等等，但是并不等于确定了建造一所具体什么样的房子。接下来，还需要将这些数据进行有效的运算、组合，并且反复测量和校准，只有这样才能够逐渐勾勒房子的轮廓，并绘出清晰、准确的图纸。这就像是我们危机干预工作中构建现场心理动力模型的过程。

第三章　现场心理动力模型构建

在针对职业人群的心理危机干预工作中，构建现场心理动力模型是我们实践经验的结晶，也是对传统心理危机干预理论与操作的重大突破，它完全以现场心理危机干预工作的效果为目标，贴合现场危机干预的实际情况，是整个心理危机干预工作的灵魂。

第一节　现场心理动力模型概述

构建现场心理动力模型，是指在了解心理危机事件的背景、心理刺激源、心理刺激强度、现场人员心理状态及变化曲线等信息的基础上，确定不同时刻干预者参与心理救援和被干预者接受心理援助的心理动力指数，根据既有职业人群现场心理危机干预心理动力模型数据库中的数据，通过一系列的运算获得个体、群体或事件的心理动力指数变化曲线的过程。该模型将有利于了解整个事件中干预者和被干预者的心理状态及变化过程，指导心理危机干预方案的制定和实施。

为了更好地理解现场心理动力模型，我们首先明确一个更加基础的概念——心理动力指数，它是构建现场心理动力模型的基石。

一、心理动力指数概念

心理动力指数，通俗来讲即个体做某件事情的意愿的强烈程度。心理动力指数按照 1 到 10 进行评级，其中 10 代表动力最强即做此事的意愿非常强烈，1 代表动力最弱即没有兴致进行此事。在危机干预现场，为了简化表述，有时候我们将心理动力指数分为高（7～10）、中（4～6）、低（1～3）三类。

对于干预者而言，如果愿意积极投身于危机干预工作中，主动性强，而且身心状态良好、工作效率较高，则说明干预者的心理动力指数很高；如果表现为愿意接受危机干预团队的工作安排，但工作过程中时有精力不足、效率低下，难以灵活应变各种突发状况，则说明目前的心理动力指数处于中度水平；如果在面对危机干预任务时出现退缩、畏难情绪，对于现场干预表现出阻抗，比如直接拒绝、冷处理式拒绝等，则说明心理动力指数很低。

对于被干预者而言，如果表现出积极主动寻求专业团队的心理援助，对干预者能真诚、细致且全面讲述自己的痛苦，对干预表现出较高的期待等，则说明其求助的心理动力指数处于高水平；如果被干预者对心理危机干预心存疑虑，或经由他人转介，迫于压力寻求帮助，在干预过程中较被动、多审视等，则往往说明此时求助的心理动力指数中等；如果被干预者对心理危机干预非常抵触，直接拒绝与排斥，甚至对他人为自己转介的行为表现出愤怒，则说明被干预者的求助心理动力指数很低。

在危机干预现场，干预者与被干预者的心理动力指数不是一成不变的。危机事件的走向、现场出现的各种变化、时间进程的变化，以及干预者与被干预者的心理能量交互，都会影响干预主体双方的心理动力指数走向，而这也是现场心理动力模型不是一蹴而就、一成不变的主要原因。

在多年针对职业人群的心理危机干预工作中，大量的案例表明，干预主体双方随着干预进程的推进，感受到的心理刺激源及心理刺激强度会不断变化，进而心理动力指数也会不断变化。将这些趋势计算机化，经过大数据的计算和分析探索其中规律，形成常规参考，再输入被干预者的初始状态，就能推演出被干预者的心理动力指数未来的变化曲线，而这一变化曲线也将影响着现场心理动力模型的走势，对于干预者准确把握被干预者的心理变化有着举足轻重的作用。

二、被干预者心理动力激活策略

通过了解危机事件背景、心理刺激源、心理刺激强度等信息，可以初步判断被干预者是否需要接受心理危机干预。但是，在实际工作过程中，有的被干预者尽管遭受强烈的心理刺激，而且出现了一定的危机反应，但是接受心理危机干预的动力指数很弱，出现了强烈的阻抗。针对不同的阻抗来源，干预者应采取相应的应对措施。

第一种阻抗来源是精神病性症状。在某些极端情况下，被干预者受到过于强烈的创伤刺激，出现了精神病性症状，比如幻觉、妄想等，此时就不适合对被干预者进行心理危机干预，需要及时识别并转介给精神科医生进行有效处理。

第二种阻抗来源是信息不足。很多时候，阻抗是由被干预者对心理危机反应和干预的知识不足，或者是对干预者有误解造成的。有的被干预者出现强烈的闯入、闪回等症状，严重影响了正常的工作和生活，但是不知道这些症状可以通过心理危机干预快速消除；还有的被干预者对心理危机干预工作者不信任，不认为他们能够帮助到自己。针对上述表现，通过科普宣传、心理教育等手段，增加被干预者对心理危机反应、干预过程和干预团队的了解，往往可以快速消除阻抗，提高被干预者接受帮助的心理动力指数。

第三种阻抗来源是自我防御。这种情况在职业人群中出现的比例远远高于普通群众，比如像公安民警、部队战士等救援人员受社会角色所限，认为自己不应该出现各种恐惧、焦虑、失眠等反应，觉得这些都是普通老百姓才会有的反应，是弱者的象征，所以非常排斥干预者的帮助。针对这种情况，需要进行深度的心理破冰，要向其说明这是每个被干预者（不论是普通群众还是救援人员）作为鲜活个体的普遍反应，指出不进行心理干预可能会有的后果，同时强调干预团队的危机干预技术可以快速帮助他们恢复到正常状态。这样就能达到提高被干预者接受帮助的动力指数，最终顺利完成心理危机干预工作的目的。

三、干预者心理动力激活策略

在进入危机现场之前或者初期，干预者没有接触到被干预人群，需要通过自身的体验和感受，对心理刺激源、心理刺激强度做出评估。也就是说，干预者需要对自身心理状态的变化保持较高的敏感度，这也是构建现场心理动力模型非常重要的环节。为此，在走进干预现场后，干预者要用心观察、体验和评估各类危机现场，感受现场给被干预者造成心理影响的刺激源。比如，我们团队在针对湖北监利沉船救援官兵心理危机干预过程中，会尽可能去到官兵所有的驻守地点或者救援地点，了解心理刺激源，并评估其对被干预者产生的心理刺激强度。

干预者完全浸入整个危机现场后，其心理动力指数会随时间、精力等因素发生变化。当个别现场干预者或干预团队心理动力不足时，就需要团队领导者及时捕捉到这些信号，及时调整干预方案，激活干预者或干预团队的心理动力。

最常见的心理动力指数下降的情况是，干预者长时间在高压下进行心理危机干预工作，导致心力交瘁，出现强烈的情绪反应。这个时候往往需要暂时停止工作，获得团队支持，团队领导者也需要对其开展一对一的督导，帮助干预者恢复应有的工作状态。

对于现场工作经验相对较少的干预者或新手而言，往往还会在工作中充满担忧和焦虑的情绪，对自己缺乏信心，担心自己会做得不够好，被危机现场的高应激状态所影响，导致心理动力明显下降。针对这种情况，团队领导者最好为其安排难度适中的工作，并针对工作内容给予针对性的及时指导，也可以进行专业层面的督导，随着成功体验的不断积累，这类干预者的心理动力指数会很快得到提升。

此外，危机事件中遇到的情况还可能触发干预者自身的生活经历，也就是干预者的"扳机点"。危机现场无法避免的是面对生命的丧失，如果干预者之前的哀伤没有处理好，就可能会引发其"触景生情"。这种状态对被干预者及干预者都是不利的，需要给予干预者及时的督导。这也提醒我们，在危机干预团队组建过程中，对干预团队成员进行全面评估也显得尤为重要。

第二节　现场心理动力模型构建的技术路线

通过前面的介绍，我们了解到，构建现场心理动力模型要求干预者了解整体事件发生的背景以及受影响人员的生存状况、心理状况，动态评估被干预者的心理动力指数。在这一过程中，亦要对自己及团队的心理变化保持高度的敏感，让干预团队的动力指数处于良性水平，并与被干预者之间建立友好的关系，保持高效能。接下来，我们将从危机事件分析、刺激源及心理刺激强度分析、心理动力指数评估入手概述建构涵盖危机干预团队和被干预者的现场心理动力模型技术路线。

一、危机事件分析

很多人认为，心理危机干预工作是从进入现场的那个时刻开始的，但我们的经验是，职业人群的心理危机干预始于接到信息的那一刻。大多数情况下，组织向某个心理危机干预团队发出邀请，或者是上级部门下达心理危机干预的命令。当接到邀请或命令的时候，危机干预的工作就已开始了。干预团队进入现场后的每一分每一秒，都需要用身心去感受纷繁复杂的现场刺激源及其对心理造成的刺激强度，并整合各种片段、碎片化信息，完成对危机事件的分析。

（一）现场危机干预前期所需准备的工作

在接受危机干预任务那一刻起，就需要用各种方式收集相关资料，如负责人电话、媒体信息、以往危机事件发生情况等。尽可能多获取危机事件相关信息，包括事件发生的时间、地点，事件的性质，受影响人员的数量、年龄、性别、岗位等人口学信息，受影响程度，目前的医疗救援情况，媒体公关情况等。如果有可能，应看看现场的一些图片、视频等资料，以便对现场状态有更进一步的了解。以上这些信息有助于心理危机干预团队快速整合危机事件，从而对危机事件造成的心理刺激进行评估。

此外，还需要与组织方确认心理危机干预的工作内容及工作目标。很多组织和个人对于心理危机干预工作并不了解，甚至很多心理学专业人员都对心理危机干预有一定的误解，比如认为心理危机干预就是单纯的陪伴或聊天，或者是等同于传统意义的心理咨询等。特别是针对职业人群的心理危机干预，往往与针对个体的干预有许多重要的区别，所以必须要在前期就尽可能与相关负责人进行充分沟通，让其知晓心理危机干预工作的技术路线、所采用的手段、所借助的工具等，并就危机干预的原则和目标达成一致。

（二）进入危机现场所需开展的工作

到达现场之后，心理危机干预团队领队会与现场心理救援的负责人进行对接，进一步了解事件发生的相关信息，包括事件的最新情况（比如有没有进一步恶化、发生的原因有没有得到确认），医疗救援、物资救援的最近进展，以及救援对象的信息、整体需求、计划、专业人员储备等情况。以上信息与心理危机干预工作息息相关，直接影响到现场心理动力模型的构建和后续干预方案的制定。

此外，干预团队也要亲自去了解和感受现场的心理刺激源，比如去现场体验视觉、嗅觉、听觉、触觉等各类刺激信息，并评估现场的心理刺激强度。除了事件的第一现场，干预团队还应进入受影响群体所在的不同场所，去了解和评估不同的心理刺激源及相应的心理刺激强度。

我们的危机干预团队曾在 2015 年承担过一起重大危机事件的现场干预工作，干预对象是救援人员。从接到电话的那一刻起，干预团队一方面通过对接，收集事件的相关资料，包括干预对象的人数、年龄、任务内容等；另一方面通过新闻媒体搜集相关的图片与视频，对这个事件做初步的分析与评估。待干预团队进入现场后，发现待救援现场的画面十分惨烈（断臂残肢、发白变形的尸体……）。可以想象救援人员长时间工作在这种环境下所经受的心理创伤。与此同时，干预团队紧锣密鼓地开始了工作。先从访谈着手，需要特别强调的是，此阶段的访谈主要是采集第一手信息，为构建现场心理动力模型和制定干预方案做准备。所以，此阶段的访谈对象不宜大面积扩展，建议抽取典型代表，以现场负责人为主。此外，现场危机干预工作的环境很难保障高舒适度，因而在保障被干预者隐私的情况下，干预者要灵活应对现场可能存在的场地局限性，因地制宜。

以下是现场访谈的一个提纲，供参考。

心理危机干预现场访谈提纲

一、事件信息

发生时间：

持续时间：

发生地点：

刺激类型：

影响范围：

受影响人群：

事件的起因及经过：

事件目前的结果：

二、受害者信息

基本信息（姓名、性别、年龄、婚姻状况、职业、联系方式）：

遭受的刺激类型及强度：

身体状况：

自述影响：

症状评估（情绪、认知、躯体、行为；持续时间；社会功能；自知力）：

危险性评估（自伤、自杀或伤人的可能性）：

整体状态（心理承受能力；社会支持系统；应对方式；其他）：

二、刺激源及心理刺激强度分析

进入危机现场，通过观察、访谈等手段，对危机事件及其给群体造成的影响进行整合分析之后，接下来就进入构建现场心理动力模型的重要环节，即评估被干预者感受到的心理刺激源及心理刺激强度。在评估过程中，干预者自身感受到的危机现场的刺激及带来的影响也是不可或缺的。

（一）细分心理刺激源

根据前期观察和访谈获得的信息，可将被干预者遭遇的危机事件进行细分，并评估危机事件给其造成的心理影响（心理刺激强度）。在危机现场，有很多被干预者经历了生命或财物的丧失。尤其是亲朋好友的离世，其造成的影响是多方面的，刺激强度也是最大的。在现场，有很多被干预者本身也是援救人员，他们感受到的更多是凄惨场景带来的刺激。尤其是在一线参与生命抢救的消防官兵、志愿者，对他们造成心理影响的刺激源，还须细分来自哪些感官通道，因为不同感官通道的刺激源在危机处理过程中会有所不同，同时这也能为团体干预时确保人员同质性提供一个重要依据。

（二）重视心理刺激源与主观刺激强度的不匹配现象

通过对心理刺激源的评估，结合刺激强度常模参考值，干预者对被干预者的状态会有一个预设，如第二章中的"心理刺激源及心理刺激强度的1～10级细分标准"所述。亲朋好友的离开，长时间暴露在惨烈危机现场，这些刺激源的强度已达到7～10级的水平。按照大样本推算，面对这些刺激源，70％以上的人会产生心理应激反应。然而在实际干预过程中，有可能会发现有些人自我报告的应激反应很少或较弱，这种反差现象需要干预者格外注意。如前文所述，在心理危机干预过程中，对被干预者的生存动力进行评估是不可忽视的，因此在刺激源与主观报告的刺激强度不匹配的情况下，尤其需要干预者从保障被干预者生命安全的角度考虑，给予特别的重视。

（三）动态评估心理刺激强度的变化

在危机干预过程中，我们依然相信每个个体都有很强的自愈能力。也就是说，随着危机事件的推移，被干预者的心理状态在自愈机制下会有所好转。这就要求我们了解危机干预不同阶段，被干预者普遍出现的心理反应。以下内容详细介绍了危机干预不同阶段，被干预者的心理状态变化及干预者的干预重点。

0 期

此时当事人或相关人员会与援助团队联系。作为危机干预工作者，必须注意当事人此时的情绪可能处于无序状态之中，因此，他们说话时的情绪可能很不稳定，而且不知道什么是应当说的。此时，要以热忱的心、冷静的头脑来工作，不论当事人的情绪如何不恰当，我们都应给予接纳。同时，必须问清在何时何地发生了什么，以及对方的联系方式等。这样我们就能知道我们需要多少心干预工作者以及到什么地方去做什么事情。

1 期

这个时期是指创伤性事件发生的当天。此时工作者充当的是照顾者的角色。由于处于惊恐、分离状态，多是"原始脑"在控制行为，当事人的反应常是本能的条件反射。因此，干预的方式也应以原始的方式进行，主要就是将混乱的状态结构化，满足当事人最基本的本能需要，并给予情感上的支持。同时，在这一时期结束时，应清楚地告诉他们可能会出现的问题和困难，即表现出一种可预见性。在这一阶段，危机干预工作者也需要联合公安、新闻、保险、行政部门等社会各方进行相关的工作。

2 期

这个时期是指创伤性事件发生后1~2天。此时工作者充当的是教师的角色，主要做解释工作。处于这一期的当事人，就像战场上的士兵，很多症状开始陆续出现，这也是最初的自我疗伤过程。我们可以将有同样卷入程度的个体组织起来，给其提供足够的食物、饮料，并在合适的场所耐心地对其进行心理教育工作。同时，要告诉他们，来自周围的一些人的反应，比如谴责、愚蠢的玩笑、好事者的打听、回避等，这些都是他们保护自己、平衡自己内心焦虑的表现。因此，在工作中，要教给当事人一些有用的应对策略，比如叙述出来、给予某种解释、赋予行为以好的意义、寻求社会支持、分散注意力、体育锻炼、放松训练等。

3 期

这个时期是指创伤性事件发生后1~2周。此时工作者充当的是心理治疗师的角色。可以让当事人再次叙述事件发生时的情境，然后分析其描述的方式：如果当事人的描述中仍然有很多细节，则说明自我修复的效果不理想；如果当事人有一些记忆的空白，这可能是防御性遗忘，也提示自我修复不够理想。在这一时期，我们也要做有关创伤症状的检查工作。在做这项工作时，我们要注意到每个人修复的节奏，并在动态中进行观察。在我们对"扳机点"进行探索时，可能会发现其特殊的"痛点"，而这与其过去的经历有关。同时，我们还应帮助当事人尽早地重返正常的生活，促进其对环境做出合适的反应。在这一时期，有效的危机干预工作可以增强团体凝聚力、减轻创伤后应激症状，同时可对PTSD进行早期筛查和转介。

4 期

这个时期是指创伤性事件发生后1~2月。此时工作者充当的角色类似于牧师。在这个时期仍然要对当事人的症状进行一些评定，关注其生活的重建情况，帮助当事人寻找事件对生活的意义。在判断当事人创伤处理的水平时有一些标准，成功的创伤处理是指当事人能控制躯体反应，对事件发生的耐受性和心理控制增强，能完成叙事并有恰当的情感反应，恢复自尊，修复人际关系，并重新找到生活的意义。

危机分期总结了危机发生后1～2个月甚至更久，被干预者的心理状态变化趋势。在危机干预团队进入危机现场工作后，可能会在短短数日见证一部分被干预者的自我恢复成果。这时需要干预者准确评估被干预者的心理危机状态，不去否认自我恢复的能力，亦需要准确评估被干预者是否真的走出了危机，由危险看到机遇、看到未来。

在危机干预现场，干预者也会接触充斥各种惨烈场景的心理刺激源，因而对自身心理状态的评估也是非常重要的工作内容。干预者也是自然人，而非圣贤，所以也需要直面自己的内心，正视各类刺激源引发的心理反应，并通过每日的督导，使自己保有一颗觉察的心，借助团队的力量让自己保持干预战斗力。

三、心理动力指数评估

进入危机现场，敏锐觉察各类刺激源及其对被干预者和干预者自身造成的影响，并从动态发展的角度审视各种刺激带来的影响及变化，是构建现场心理动力模型的重要基础；与此同时，动态评估被干预者及干预者心理动力指数的变化也是非常重要的环节。在动力指数的评估过程中，作为干预主体的双方即干预者与被干预者，都需要接受动态评估。一方面，被干预者的求助动力不一，采取的干预策略会有差异，在这一过程中尤其要重点关注被干预者出现强反应而求助动力弱的不对等现象；另一方面，干预者作为自然人，深陷危机现场，自身也会出现应激反应，其人生哲学及价值观也许会遭到冲击，所以要不断评估干预团队每个人干预工作的动力走势，当动力出现低谷时，应及时通过督导、同伴力量的传递等方式使其恢复到常态，以保障现场干预的效果。

（一）被干预者心理动力评估要点

首先，进入现场后，与组织方危机事件处理团队的首次接触中就要对被干预者群体的心理动力进行评估。面临重大危机事件，涉及人员伤亡、财产损失，组织方的危机事件处理团队中或许存在这样的声音："现实止损更实际些，心理干预有什么用？""我们是军人，这点事算什么，真正的战场比这惨多了，别那么娇气。""也不是经历一次两次了，早麻木了，不想就啥事都没有了。"……这种声音的出现意味着被干预群体缺乏对心理干预工作的正确认识，所以才会有各种阻抗的表现。面对这种求助的心理动力指数偏低的情况，破冰工作就显得非常重要。

其次，在现场干预中，势必会出现被转介的人员。这部分非自愿的被干预者，他们求助的心理动力指数是偏低的。因此，在干预过程中需要采用恰当的手段激活其求助动力，同时也要谨记对被转介个体进行心理风险的评估。

最后，无论是组织方的危机事件处理团队还是各种被干预群体，他们的求助动力都不是一成不变的。低求助动力的个体常常会因为自身调适策略看不到效果、周边人群干预利好消息等发生变化，危机干预团队要敏锐捕捉到这种信号，促进这些个体向专业团队求助；而最初有着较高求助动力的个体，当他们的期待超过了心理危机干预所负载的情况时，心理动力指数也可能会发生转向，所以需要干预团队在干预初期对于心理干预能做什么、不能做什么进行恰当解释，并与被干预者达成统一目标，使双方的期待、努力的方向皆在一个作用点上。

　　除上述所提及的特殊群体及把握其动态变化外，被干预群体表现出的言语和行为、既往创伤史及他人的评价等也是危机干预团队进行动力评估的主要信息渠道。无声的拒绝，直接用语言表示出的无用（如"早习惯了""不需要"……），行为上的回避，被转介，干预过程中的沉默、顾左右而言他……这些信号都在传递着被干预者对危机干预的回避态度，反映了他们的心理动力指数较低。同时，在现场，也许会看到一些被干预者半信半疑的表情或言语（如"心理干预可以让我睡个好觉，真的吗?"），对干预方法打破砂锅问到底……这些表现看似是拒绝实则内心对心理干预工作是有期待的，他们求助的动力指数反而是处于中等水平。而那些积极主动寻求帮助、配合干预思路的被干预者，他们的求助动力显然是较高的。评估被干预者的心理动力，结合其所感受到的心理刺激及刺激强度，制定恰当的干预手段，这也是现场心理动力模型最为重要的价值。

　　（二）干预者心理动力评估要点

　　干预者心理动力评估最关键的是干预者自身保有一颗觉察的心，干预团队领导者能够敏锐捕捉到团队成员的情绪、行为变化情况。通常需要干预者、干预团队领导者从意识和情绪行为等层面进行救援工作动力指数的评估。

　　从意识层面，在现场干预过程中，干预团队要有明确的、可操作的干预目标，切忌将干预工作神化，切忌持无所不能的心态。如果出现此类想法，干预者就需要停下来，通过督导回归心理危机干预工作的初心。反之，抱着畏首畏尾、谨小慎微的心态开展工作，可以说是一种低心理动力的表现，也不利于心理危机干预工作的开展，需要尽快调整。

　　在情绪行为层面，如果干预团队中出现抱怨、攻击性言语或行为、失眠、逃避干预工作等现象，表现出焦躁、低沉、愤怒、强烈的不安全感等情绪情感，则说明干预团队的心理动力指数在下降。重大危机事件充满了危险、不确定的信息，干预者身在其中不免会被这样的"不确定场"所影响，在被干预人数众多、事件紧急的情况下，这些表现会更为明显。

除此之外，引发危机的事件、危机现场各种人群表现出的应对模式及他们表露出的对人生态度的改变等也会冲击和挑战干预者的价值观。价值观对动机具有导向作用，个体行为的动机会受价值观的支配和制约，所以危机现场的种种对干预者价值观的冲击，也就会具体化为对其心理干预工作的行为的冲击。因此，从价值观方面评估干预者的心理动力就非常重要，尽管这充满了难度。针对这一点，干预现场的每日督导就显得格外重要，需要督导师从价值观方面设计开放性问题，能就干预团队每人每日的所见所闻所想进行分享，抓取分享信息背后的深层诉求。

无论是被干预者的心理动力指数还是干预者的心理动力指数，都不是静止不变的，因此在动态评估过程中保存记录非常重要。而且，如果能够和各人群随着时间推移，其心理动力变化的常模值进行对标分析，就能更精准把握被干预人群的心理状态变化，制定适宜的干预方案。表 3 - 1 和表 3 - 2 呈现了我们常用的记录表，供参考。

四、现场心理动力模型构建

从干预团队启程奔向干预现场开始，构建现场心理动力模型的工作就已启动。一旦进入现场，就要对被干预者、干预者不断进行心理刺激源、心理刺激强度、心理动力指数的评估，用数据完成现场心理动力模型的构建。现场心理动力模型的建构，有其清晰的技术路线，更为重要的是模型本身传递的核心工作理念：尊重被干预者、干预者两个群体的变化；用数据在被干预者与干预者之间建起良好的"工作场"，保障现场干预工作的有效开展。

表 3-1

被干预者心理动力指数记录表（示例）

姓名	性别	联系电话	既往创伤	心理刺激源	心理刺激强度及心理动力动态评估				
					干预第1天	干预第2天	干预第3天	干预第4天	……
张××	男	186*********	有（多次参与抢险救援，现场的各种惨烈让其感觉到麻木）	触觉：碰到装尸体的袋子					
				心理刺激强度	7	8	7	7	……
				心理动力指数	8	8	8	8	……
李××									

注：心理刺激强度和心理动力指数均为 1~10 点评级，分数越高说明产生的反应越强，求助的动力越高。

表 3-2

干预者心理动力指数记录表（示例）

姓名	性别	干预者干预履历	现场感受到的心理刺激	心理刺激强度及心理动力指数动态评估				
				出发前	干预第1天	干预第2天	干预第3天	……
王××	男							
			心理刺激强度	—	7	8	9	……
			心理动力指数	10	9	7	7	……
陈××								

注：心理刺激强度和心理动力指数均为 1~10 点评级，分数越高说明产生的反应越强，救援的动力越高。

现场心理动力模型以"尊重干预主体,依评估数据,形成干预方案"为最终的成果,如图3-1所示。

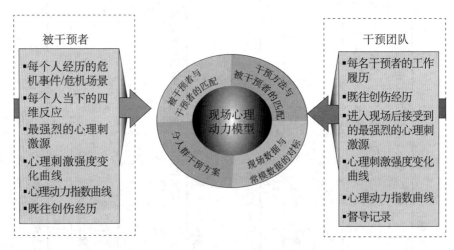

图3-1 现场心理动力模型图

综合分析了被干预者与干预者共建的现场心理动力模型后,依据干预时点、被干预者状态、干预技术制定全人群整体干预方案,如表3-3所示。

表3-3 职业人群现场心理危机的干预方案(示例)

被干预者	经历危机时间	心理刺激源	心理刺激强度	心理动力指数	既往创伤	干预者	干预技术
张××	2天	亲眼看见自杀现场,血肉横飞画面时常闪回	7～10	9	有	干预者1	图片-负性情绪打包处理技术(重点消除闪回画面)
李××							

现场心理动力模型中诠释的被干预者感受到的心理刺激及其强度和求助动力会影响到干预技术的选择。一般情况下,针对心理刺激强度处于低水平、求助意愿在中等以上的个体,可通过科普讲座、分发危机应对手册、共建温暖的团体活动等来进行干预;对于感受到中等水平刺激画面及心理刺激强度,且有良好求助意愿的个体,可采用团体辅导的技术如图片-负性情绪表达技术

进行干预；针对感受到较高水平刺激画面，且有强烈刺激反应和良好求助意愿的个体，通常会采用一对一的方式开展工作，如图片-负性情绪打包处理技术。而在整体方案设计中，不能忽略对高刺激、高反应但求助意愿低的个体的关注，针对这些群体采用恰当的破冰技术、突破其心理防御是重点。

方案的制订如同心理模型的构建一样，不是一劳永逸的工作。为此，需要结合现场情况和干预者的心理动力变化动态调整方案，因人、因事、因时开展具体的干预工作。

现场心理动力模型的构建，数据是关键。现代信息技术足以展现不同个体的数据曲线，人工智能匹配干预技术也已成为可能。在我们多年实践中，也恰恰是信息技术的支持，才让现场心理动力模型更容易成为动态模型。

第四章 现场心理破冰技术：心理行为训练

经历过重大危机事件，人与人之间的信任感、人对环境的安全感会受到极大损伤。我们在多年现场危机干预过程中亦感受到大众对心理危机干预持有限的开放与接纳态度。因此，打破这层"心理薄冰"就成为我们现场心理危机干预过程中尤为重要的心理环节。这其中，心理行为训练恰恰就是一种非常有用的现场心理破冰技术。它以心理学基础理论为基石，在训练过程中渗透了行为学习、强化、认知重构、认知调适、情绪激励等心理机制，通过"体验激发情绪，行为改变认知，习惯积淀品质"这一核心理念，增进受训者之间的情感联结，锤炼受训者坚毅、勇敢、自信、智慧的心理品质。接下来将就在危机现场如何利用心理行为训练开展破冰工作进行详细阐述。

第一节 心理行为训练概述

一、心理行为训练的科学内涵

心理行为训练以团体活动为基本形式，旨在通过一系列的心理训练活动进行行为层面的干预，帮助被干预者感受到温暖与力量，体验到积极的情绪，并提升其应对心理危机的力量感和掌控感。

心理行为训练在现场心理危机干预中发挥着重要作用，既可以对现场被干预人群进行心理破冰，唤起被干预者的生命活力，同时也能作为一种技术元素融入团体心理危机干预方法——图片-负性情绪表达技术之中。

（一）心理行为训练的机制

心理行为训练要求通过提高应激源（刺激物）的强度，引发应激状态，产生一定的生理、心理应激反应，而后施以一定的手段和方法，调动生理、心理潜力并加以调节，达到适宜的生理、心理状态。通过一定情境下的反复主观体验、经验的积累，被干预者就会建立起动力模型，借以提高生理机能和心理功能，并最终达到提高心理品质的目的（如图4-1所示）。

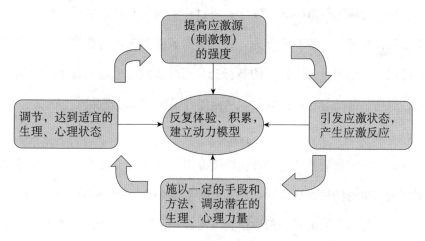

图 4-1　心理行为训练的机制

（二）心理行为训练的核心技术

心理行为训练秉承"体验激发情绪，行为改变认知，习惯积淀品质"这一核心理念，对个体的行为、认知、情绪等多个层面综合开展工作。这一技术整合了行为塑造、认知调节、情绪调控等方面的基本技术。

1. 行为塑造

行为塑造是指采用有规律的、循序渐进的方式引导出所需要的行为并使之固化的技术。行为塑造是根据斯金纳的操作条件作用研究结果而设计的培育和养成新反应或行为模式的一项行为治疗技术，是操作性条件作用原理的有力应用之一。

新习惯、新品质、新行为的形成需要一定的过程，并且通过设计和有意识培养，学习者可以加快这一过程。著名心理学家斯金纳就通过设计实验塑造并强化了老鼠为取得食物进行压杠操作的行为。

掌握新的行为模式还需要一定的客观条件，为了破除旧有的、习惯的行为模式，建立新的、良好的行为模式，就必须进行一系列设计，这种设计包括场景、情境和一些相关的工具，而且还需要巩固和强化所形成的新行为。

心理行为训练即遵循这一理念，通过一系列精心设置的活动情境，让受训者去发现自身的一些不良行为，通过顿悟或模仿来习得新的品质。在这一习得过程中，培训者对受训者的新行为、新品质使用一定的技术、方法（如引导、表扬、鼓励等）进行强化，从而提升受训者的心理品质。

2. 认知调节

认知调节中最著名的是"理性情绪方法"，其基本假定是：人的情绪来自人对所遭遇事情的评价或解释，而非来自事情本身。情绪和行动受制于认知，引起情绪、行为失调的是非理性信念（不合理认知）。一个人带着非理性信念来理解、评价他所知觉到的现实，这种思维过程往往是非理性的、畸形的。正是这种非理性的思维及其结果最终导致情绪失调。

在心理行为训练中，受训者参与活动的体验，能够帮助他们或多或少地认识到自身存在的一些不合理信念。培训者要帮助受训者驳斥不合理信念，重新构建合理的认知。比如在项目"感受失败"中，受训者就能深刻地体会到"成功者"或"第一名"只有一人，其他受训者都是"失败者"。但有的受训者不接受事实，并为此苦恼不已，进而影响到其他项目的发挥，就是因为其思维中存有"我不可能失败"这种不合理认知。心理行为训练借助这样的情境，帮助这类受训者认识到自身的弱点，并对其进行心理引导，使其接受事实，并分析失败的原因，以便在下次任务中成功，重建自信心，锻造"胜不骄，败不妥"的良好心理素质。

3. 情绪调控

参加过心理行为训练的受训者都能体验到，在训练过程中，会产生强烈的情绪体验。这也正是心理行为训练设计的原理所在。这种体验不仅能深化对事物的认识，积累经验，而且能够提高心理活动的水平。同样的刺激，个人的体验和引发的情绪并不一定相同，有积极的，也有消极的。培训者调整受训者的情绪状态，通常采用如下方法。

（1）生理调节。情绪的生理调节是以一定的生理过程为基础的，调节过程中存在着相应的生理反应变化模式。生理唤醒是典型的情绪生理反应，如心率、舒张压、瞳孔大小、神经内分泌的变化及皮下动静脉联结处的血管收缩等都是常用的生理指标。徐景波、孟昭兰和王丽华（1995）的研究发现，负性情绪诱发后，心率会显著加快。

引导受训者调整呼吸，使用心率监控仪对其心率进行监控，指导其进行调整，即能有效缓解这种情绪状态，提高对恐惧等负性情绪的感受阈限，降低恐惧感觉的强烈程度。在以后的工作和生活中，遇到此类刺激，受训者就能克服恐惧带来的负面反应，不会产生强烈的反应，能尽快适应恐惧环境，也就达到了提高心理素质的目的。

（2）放松训练。放松训练或是松弛疗法，是通过一定的程式，使受训者学会精神上及躯体上放松的一种调节方法。身体的放松也是解决情绪困扰的一种有效手段。情绪体验通常是和某些平时我们不太能意识到的生理变化联系在一起的。因此，进行放松练习，调节生理规律，有助于恢复情绪的平静。常用的放松手段有深呼吸放松、冥想放松、肌肉紧张放松等。

但不管是什么放松，都有着共同的目的，就是降低交感神经系统的活动水平、减轻骨骼肌的紧张及缓解焦虑的主观状态。

在进入放松状态时，交感神经系统活动水平降低，表现为全身骨骼肌张力下降即肌肉放松，呼吸频率和心率减慢，血压下降，并有四肢温暖、头脑清醒、心情轻松愉快、全身舒适的感觉。与此同时，副交感神经系统的活动水平增加，从而促进合成代谢及有关激素的分泌。进行放松训练，发挥内分泌及自主神经系统的调节功能，可有效缓解人们的焦虑和恐惧情绪，帮助人们尽快适应环境，达到心理平衡状态。

（3）正性唤起。遇到激烈的负面情绪状态时，可以通过唤起受训者队友/同伴对自己的支持画面，让其感受到团队的力量，重塑信心；也可以通过带有积极心理暗示的小活动，比如"自信呐喊"等项目，现场提升受训者的积极体验；还可以通过"牵手"等活动，强化团队温暖和团队信任。

综上，心理行为训练有着坚实的心理学基础，在活动设置中，应统筹认知、情绪、行为多个指标。在危机干预现场，心理行为训练作为心理破冰的重要技术，重点在于通过行为改变来激发被干预者的体验和感受，尤其是在危机过程中安全感、温暖正在损耗的感受，并通过活动场景，使其重新审视自己的行为。借此，干预者可以顺势引导被干预者产生系列情绪，重塑行为背后的认知，进而使认知、行为、情绪获得新平衡，整个身心状态及内在心理品质获得提升。

二、心理行为训练在危机现场的功能

灾难发生后，大量相关人群的基本需要无法得到满足，例如：安全感直线下降，觉得没有地方是安全的，处处是危机；信任感迅速丧失，对他人失去了基本的信任，对社会网络、社会资源充满了怀疑，甚至对生存丧失了信心；控制感受到挑战，掌控自己命运的信念受到冲击，不可控的因素、不可控的事情增多，而这也直接破坏了个体的自尊与价值感，凸显了环境面前自己的渺小、无助，生存的意义与价值受到否定；此外，还有大量的负性情绪体验如洪水侵袭——弥散着恐惧、紧张、交流、不安、自责……

心理行为训练作为一种体验式的活动，可以让被干预者那些被破坏的基本需要得到修复和满足，从而提升自我内心的能量，增强抗挫折能力，感受人际的温暖，凝聚团队的力量。作为一种具有稳定化功能的干预策略，心理行为训练可以让被干预者在一个轻松愉悦的环境下疏泄负性情绪，快速获得社会支持，以减轻压力。

第二节　心理行为训练的操作与项目介绍

一、操作流程

（一）采集信息

为了能给心理危机干预提供强有力的支持，保证现场心理破冰技术的效果，应在开展心理行为训练前收集被干预者的基本信息，主要包括：

（1）危机事件的基本信息（3W，时间、地点、事件）。

（2）被干预者的基本情况（包括数量、性别、年龄、工作属性等人口学信息）。

（3）被干预者的身体状况。

（4）被干预者的精神状态。

（二）确定干预对象

心理行为训练作为重要的破冰技术，最早是面向参加救援的战士进行的。后来，随着我们的专业团队接触的被干预人群越来越广泛，该技术逐渐被应用于各类职业人群，包括警察、医生、教师、企业员工等，均取得了非常好的干预效果。

在具体实施中，这项技术针对心理刺激强度为 1～3 级的被干预者（躯体状况适宜进行团队活动的人群），适用于各行业职业人群，但是在选择实施的时候需要按照相应人群的身体和心理特点进行筛选。另外，如果被干预者人数较多，则可进行分组，通常每组 15 人左右，每组分配一位干预者。

（三）制订干预方案

在采集信息并确定干预对象后，接下来就要根据当事人的特点及可能存在的主要问题，选择合适的心理行为训练项目。比如，针对军人等职业群体可以选择难度较大的项目，从而增强完成项目后的成就感与团队凝聚感；但是针对普通民众、学生人群，特别是有年龄大或身体情况欠佳的，应首先考虑消耗小的项目或室内项目。

在多年心理危机干预实战中，我们发现能发挥心理破冰功效的心理行为训练项目大致可以分为两大类。

（1）时间短（1 小时左右）、不受场地限制（可在室内）、参加人员较少（少于 10 人）的项目："魔棒""亲密无间""密码破译""进化论""信任考验""绝地求生""众志成城""解手链"。

（2）时间较长（半天左右）、人数较多、场地有特殊要求（须在室外）的项目："蛟龙出海""牵手""孤岛求生""风火轮"等。

（四）实施干预方案

实施的流程一般会按照八个步骤来进行，如图 4-2 所示。

在实施时，需要注意以下几点。

（1）所有参与者必须提高安全意识，服从指挥，这是在危机现场开展心理行为训练的前提和基础。

了解项目意义

项目前期准备

项目时间安排

控制训练过程

注意训练中的关键事项

观察训练中的典型行为

被干预者进行交流回顾

干预者进行要点点评与回顾总结

图 4 - 2 危机干预现场心理行为训练实施流程图

（2）在危机干预现场，心理行为训练需要参与者的全情投入，因此要引导参与者放下包袱，抱着空杯心态来接受。

（3）这是一项集体训练，需要参与者按照时间计划严格执行。

（五）总结评估

通过对被干预者的行为、情绪、认知等维度的判断和评估，再结合被干预者对自身前后变化的感知，对整体心理行为训练的效果做出评价。

二、项目介绍

（一）组建团队

人是在与环境的不断互动中成长和进步的，当危机来临时人们要面对错综复杂的外部环境，这不仅需要当事人具备较强的适应能力，同时也要求当事人能够迅速凝聚起来应对危机。作为心理危机干预的第一个项目，组建团队旨在帮助人们打破人际距离的坚冰，迅速凝聚起来，重建团队温暖与力量。

1. 活动准备

（1）场地要求：会议室或教室。

（2）教具要求：每组两张 A1 大白纸，水彩笔一盒。

（3）着装要求：参与者穿着适宜活动的运动装或休闲装、运动鞋或休闲鞋。

2. 时间安排

（1）项目操作：45～60 分钟（可灵活掌握）。

（2）项目回顾：大约 15 分钟。

3. 活动过程

（1）布置任务：要求各个团队完成自我介绍和完善团队两项任务，时间应在 40 分钟之内。

（2）相互之间自我介绍，包括姓名、单位、优点、不足和人生格言。

（3）完善团队，包括队名、队长、队训、队徽和队歌等。

（4）注意安排好时间，并随时观察各队完成任务的进展情况。

4. 观察要素

（1）组建团队时，有人积极活跃，有人不是很主动，甚至有些紧张。

（2）练习队训、队歌时，有些参与者可能很拘谨，声音放不开。

（3）随着科目的进行，团队气氛越来越好。

（4）喊完队训、唱完队歌后，大家非常激动。

5. 交流回顾

（1）团队展示后，大家的心情是怎样的？

（2）整个项目中，感觉压力最大的是哪个环节？为什么？

（3）是什么让大家越来越放松？

（4）哪几位队员给你留下了特别的印象？

（5）体验团队带来的安全感和归属感。

最后的回顾总结，可参照如下说法：

"在活动开始之前，我们可能相互认识，但并不一定彼此了解。现在我们聚在一起，为了完成共同的任务，这需要我们放下小我，怀着空杯心态，彼此交流、讨论，并最终达成共识。其实大家聚在一起就形成了一种新的人际环境，刚开始对身边的人不熟悉，造成了我们对这种人际环境的陌生感。在完成任务的过程中，我们彼此由陌生到熟悉，就是在适应陌生的环境。"

（二）绝地求生

"危难之中见真情。"危难是对一个人及一个团队适应能力的考验，此时每个成员都必须发挥其身体、思维等各方面的潜能，应对困难，度过危机，谋求进一步的生存和发展，而一切成功的前提都需要当事人有快速反应能力。本活动项目就是要培养当事人在面临危机情况下的快速反应能力。

1. 活动准备

（1）场地要求：室外较宽敞场地，要求安静、平坦，地上不能有坚硬物体，场地周围无积水，无火源，无化学用品。

（2）天气要求：在雪天、雨天等恶劣天气情况下，不可进行活动。

（3）教具要求：1根长度为4米左右的尼龙绳。

（4）着装要求：当事人穿着适宜活动的运动装或休闲装、运动鞋或休闲鞋，不要把与活动无关的物品带在身上。

（5）准备活动：在项目开始前要充分活动身体，建议集体慢跑200米，从头到脚每个关节部位活动两个八拍，也可以做一个热身的小游戏，主要是为了活动关节、拉伸肌肉，使身体发热至微微出汗。

（6）观察并询问当事人的身体状况：患有心脏病、高血压、腰椎病等疾病或医生明确告知其不宜参加剧烈运动者，禁止参加活动。

2. 时间安排

(1) 项目操作：30～40 分钟（可灵活掌握）。

(2) 项目回顾：15 分钟。

3. 活动过程

(1) 布置任务：洪水马上就要来了，勘测周围的地形后发现只有一个制高点可以躲避灾难，为了全部人员能生存，必须集中到上面等待救援。本活动模拟当时情境，要求当事人逐次进入将不断缩小的绳圈内，每次大家要尽可能都进入。

(2) 宣布规则：每次操作成功后，都会缩小绳圈，增加活动难度；不允许人员跳入绳圈，不要拉扯别人的衣服，身体的任何部位以及任何物品都不能接触到绳子。

(3) 注意避免当事人受伤。

4. 观察要素

(1) 有人认为不可能成功。

(2) 有人不愿意与他人有身体接触。

(3) 有人焦急地期待帮助，也有人积极帮助他人。

5. 交流回顾

(1) 活动过程中不断突破，心里感觉如何？

(2) 你们的方案是怎么产生的？

(3) 在这个活动中，你感觉与其他人在心理上有没有拉近距离？

(4) 在活动中怎样才能更好地完成任务？

(5) 在活动中你的团队合力解决问题能力强吗？

(6) 你在活动中是否期待帮助，是否愿意帮助他人？

6. 点评要点

（1）快速反应的心理机能。在项目开始的时候，有些当事人很快就能想到解决问题的办法，并引导大家最终完成任务。这就是常说的快速反应。要培养快速反应的能力，先要了解快速反应的心理机能。从刺激中枢产生高级心理活动到做出相应的反应是一个经长期练习而养成的固定反馈环路，练习的熟练程度越高，反应速度就越快。

（2）团队合作的巨大力量。个体无法做到的事情，经过团队合作，就有可能实现。但是，每一个团队成员要同心协力、步调一致，这样才能群策群力、克服困难，最终获得成功。

（3）团队对个体的关心。当个体生存发展出现问题时，团队会调用一切力量去关心、帮助个体。帮助既可以是口头语言上的，也可以是具体行动。比如，一个动作、一个眼神、一句"加油"都能使个体感受到团体的力量，从而脱离困境，走向良性发展。正是团队的这种力量，促使个体更快适应团队。

第五章　图片-负性情绪表达技术

在现场心理动力模型中，心理刺激强度为 4～6 级的被干预者虽然心理应激反应强烈程度一般，但是也需要进行及时干预，帮助其尽快恢复到正常的心理状态，避免应激反应进一步加重的倾向。团体干预就是针对 4～6 级人员的一种高效的干预方式。

团体心理危机干预是利用团队彼此的心理能量，为团体搭建一个安全、信任的心理空间，在干预者的引导下对团队完成心理教育与疏导的干预形式。从概念上来界定，团体心理干预是指以同质性团体为对象，运用适当的干预策略或方法，通过团体成员的互动，促使个人在人际交往中观察、学习、体验，认识自我、分析自我、接纳自我，调整和改善人际关系，学习新的态度与行为方式，从而减轻或消除心理疾患，增进适应能力，激发个体潜能以预防或解决问题的干预过程。

作为一种新的团体心理危机干预技术，图片-负性情绪表达技术融合了多种流派的团体干预方法，能够简单、快速、有效地对职业人群进行心理危机干预。

第一节　图片-负性情绪表达技术概述

图片-负性情绪表达技术，是在现场心理破冰技术、放松技术、危机事件应激晤谈（CISD）等技术的基础上，结合"最强烈的症状以图片为载体"这一重要切入点，经过反复探索与思考，最终形成的一种新的团体心理危机干预技术。

一、图片-负性情绪表达技术的基本原理

在危机干预现场，针对群体开展紧急危机干预工作，我们的团队一直在尝试运用各种有效的、经过科学实践检验的团体方法。就如人无完人一样，每一种技术都有它的一些优势与劣势，而在这一过程中，我们也愈发深刻认识到图片/画面感对被干预群体产生的重要影响。根据这一现场发现，围绕核心症状，并借鉴多种团体活动技术，我们提出了图片-负性情绪表达技术。接下来首先对我们借鉴的技术方法进行简要阐述。

（一）现场心理破冰技术

现场心理破冰技术以团体活动为基本形式，旨在通过一系列的活动进行行为层面的干预，帮助被干预者体验到温暖与力量，恢复积极的情绪，提升应对心理危机的力量感和掌控感。具体内容在第四章中已经做了详细描述，此处不再赘述。

（二）放松技术

放松技术是通过训练有意识地控制自身的心理生理活动、降低唤醒水平、改善机体功能紊乱的心理干预方法。

放松技术的基本假设是改变生理反应，主观体验也会随着改变。也就是说，经由人的意识可以把"随意肌肉"放松下来，建立轻松的心情状态。因此，放松技术就是训练被干预者，使其能随意地把自己的全身肌肉放松，以便随时缓解紧张、焦虑等情绪。

常用的放松技术包括呼吸放松法（鼻腔呼吸放松法、腹式呼吸放松法和

控制呼吸放松法)、肌肉放松法、想象放松法等。另外，正念、冥想、瑜伽和音乐放松等方法也可以达到放松的效果。以上各类方法中，呼吸放松法因为不受时间、地点的限制，而且操作简单、容易掌握，在危机干预过程中用得较多。

与心理行为训练类似，放松技术的目的也是帮助被干预者缓解内心压力和负性情绪，降低身体的紧张感，增强内心的稳定性。

但是，目前的各类放松方法存在不尽如人意的地方，比如被干预者缺乏放松的效标，导致个体无法判断自己是否放松下来；同时，干预者缺乏参考标准，无法判断被干预者目前的状态。因此，我们针对这些问题做了深入的思考和改进，提出了"感受呼吸温差放松法"（详见本章第二节中的"传授放松技巧"）。

(三) 危机事件应激晤谈

危机事件应激晤谈（CISD）是一种支持性的团体治疗方法，主要针对遭受危机事件影响的群体进行干预工作。它围绕危机事件，通过结构化的问题，在团体内引导被干预者公开讨论内心感受，以获得支持和安慰，从而消解在心理上的创伤体验。同时，也可以用于筛查高危人群，从而进行针对性的干预工作。

CISD 是目前最为流行的团体心理危机干预方法之一。CISD 首先由 Mitchell 提出，最初是为维护应激事件救护工作者身心健康的干预措施，后被多次修改完善并被推广使用。CISD 模式对于减轻各类事故引起的心灵创伤、保持内环境稳定、促进个体躯体疾病恢复具有重要意义。

二、图片-负性情绪表达技术的特点

在重大/突发危机事件，尤其是社会公共危机事件或大型自然灾害事件发生后，需要接受干预的人通常非常多，而对干预的时效性要求也非常高，特别是针对军人和公安群体，往往在发生重大危机事件之后需要非常快速地完成干预，帮助被干预者快速恢复战斗力，返回战斗岗位。面对干预量大、时间短、效果显著这种现实诉求，我们秉承"简单、快速、有效"的现场危机干预原则，提出了新的团体心理危机干预技术——图片-负性情绪表达技术。此项技术的特点如下。

（一）用时短，工作节奏紧凑

不论是对于干预者还是被干预者，参与团体干预都是一件十分消耗精力的事情，而 CISD 每一次完整的操作大概需要 2.5～3 小时，这对于每个人的体力和心理承受能力都是考验。对于被干预者而言，长时间被负性言语和情绪包围，绝对不是一件有利于心理创伤恢复的事情。在图片-负性情绪表达技术中，我们将团体时间控制在 1 个小时内，在工作环节的设置上，引入破冰（重建温暖与力量）、负性情绪表达、正常化教育、温暖植入等环节，强化行为体验、认知感受，调用多感官途径平衡危机状态。

（二）聚焦创伤性画面，情绪表达更有代入感

面临重大、突发的危机事件，很多被干预者眼前经常闪回出现创伤性画面，有的画面清楚，有的画面模糊，并且画面带给每个人的感觉也会有细微差异。图片-负性情绪表达技术的核心要点就在于将负性画面和引发的情绪、行为、躯体、认知方面的反应进行联结，把有限的时间聚焦在被干预者的症状及导致其产生症状反应的画面上，从而快速达成干预目标。

（三）前置正常化教育，重建团体心理活力

正常化教育是针对被干预者常见的干预技术，能够帮助被干预者快速了解自身症状，减轻各种应激反应。我们在现场心理危机干预过程中，将正常化教育环节前置，而非等待被干预者表述完个人所遭遇事情、所感受到的情

绪波动后再进行。实践证明这对于建立良好信任关系、帮助被干预者接纳自身症状、调动被干预者接受干预的动力等都有积极作用；而且，在干预过程中，通过活动、引导语调动团体拥有的积极资源，让被干预者相互支持、获得力量，这也加速了团体现场危机干预目标的达成。

总之，通过心理行为训练，打破"心理薄冰"，帮助被干预者快速相互熟识，建立彼此的信任感；通过技术破冰，充分发挥正常化教育的价值；最为重要的就是对被干预者产生各种心理反应的画面进行积极处理，通过教授的放松方法，对画面附着的情绪反应进行及时调整，并让被干预者将习得的放松技巧迁移到日常工作与生活中。

三、适用图片-负性情绪表达技术的基本原则

为保证团体心理危机干预的效果，运用图片-负性情绪表达技术时需要注意以下几个基本原则。

（一）保密

保密，作为心理危机干预最基本的原则，决定了参与人员能否信任这个团体、能否敞开心扉。

在团体心理危机干预过程中，不论是干预者还是被干预者，都要严格遵守保密原则，不可以将团体内发生的事情泄露给团体之外的任何人。强调保密原则能让参与团体干预的个体充分体会到安全感，同时也有利于个体在这个过程中充分表达自己的负性情绪，增强干预效果。

当然，干预者应清楚地了解保密原则的应用有其限制。下列情况下就应该打破保密原则：（1）干预者发现被干预者有伤害自身或伤害他人的严重危险时；（2）被干预者有致命的传染性疾病且可能危及他人时；（3）未成年人在受到性侵犯或虐待时；（4）法律规定需要披露时。

（二）真诚

真诚可以为团体干预营造安全、自由的氛围，使被干预者可以敞开心扉，袒露自己的内心世界，坦陈自己的心理问题所在而无须顾虑，同时感受到自己是被接纳、被信任、被爱护的。因此，参与团体心理危机干预的每个人应尽可能坦诚地讲述自己的经历、感受和想法。特别是针对警察、军人等群体，他们被赋予勇敢、有担当的社会角色，严重阻碍了恐惧、胆怯、委屈等正常情绪反应的表达，这种压抑和否认恰恰加重了心理危机的影响。

因此，在干预者带领下创造一种真诚、接纳的团体氛围尤为重要。而干预者的真诚也能为求助者提供一个良好的榜样，通过榜样学习，被干预者就能学会真实地与他人交流，坦然地表露或宣泄自己的喜怒哀乐等情绪，并可能因此发现和认识真正的自我。

（三）尊重

尊重就是干预者在价值、尊严、人格等方面与被干预者平等，把被干预者作为在思想感情、内心体验、生活追求上都有独特性与自主性的活生生的人去看待。尊重可以使被干预者感到自己是被理解的、被接纳的，从而获得自我价值感。这对被干预者走出危机的情景、重新建立自我的状态有较大的意义。

尊重的核心和本质含义是对被干预者的接纳：既接纳被干预者积极、光明、正确的一面，也接纳其消极、灰暗、错误的一面；既接纳和普世观念相同的一面，也接纳完全不同的一面；既接纳被干预者的价值观、生活方式，也接纳其认知、行为、情绪、个性等。

尊重不仅应体现在干预者和被干预者之间的关系上，还应体现在被干预者之间的关系上。例如在干预过程的分享环节，干预者要时刻引导其他被干预者关注分享人员，遵守团体的规则，不随意打断别人的发言。这种团体成员之间的尊重，对整个干预过程有重要的意义。

（四）自信

干预者要尽可能保持自信、从容的心态，这对于危机干预工作具有重要意义。

被干预者在接受干预之前，往往带着恐惧、焦虑等应激反应，一方面渴望得到专业帮助，但另一方面又对陌生的干预者和干预技术存有一定的怀疑与顾虑。因此，干预者一定的自信程度就成为被干预者是否愿意敞开心扉、接受帮助的重要参考标准。

干预者的自信，来自对干预专业知识的掌握、对干预团体动力走向的引导，以及干预经验的逐步积累。同时，整个干预工作团队的力量也是干预者自信的重要来源。

四、图片-负性情绪表达技术的功能

作为心理危机干预的一部分，图片-负性情绪表达技术遵从心理危机干预的总体目标：减轻急性应激反应，快速恢复社会功能，预防未来 PTSD 或其他心理疾病的发生。除此之外，因为团体干预形式的特点，该技术也具有自身独特的功能。

（一）理解并接受出现的身心反应

干预者通过心理教育，消除被干预者对自身症状和表现的误解与疑虑。同时，被干预者通过倾听其他人的陈述，了解他人对事件的情绪、认知、躯体和行为反应，认识到自身的很多表现都是正常的，进而理解并接受出现的各种身心反应。

（二）释放负性情绪，减轻应激反应

被干预者通过在团体中表达相应的负性画面和负性反应，减少对负性情绪的压抑，达到释放负性情绪、减轻应激反应的目的。

（三）体验并建立团体资源

被干预者通过相互倾听、关注、回应、互动和支持，体验到团体的力量，学会掌握和利用团体资源，从而更好地应对危机事件。

（四）掌握应对策略，强化正性资源

被干预者通过学习放松技术、接受正常化教育，掌握应对危机事件和危机反应的策略。另外，通过回忆正性画面和感受，强化正性资源，增强面对危机和困难的力量。

（五）筛选个体干预对象

干预者通过被干预者在团体干预过程中的表现，及时筛选需要重点干预的人员，以便后续进行个体干预。比如被干预者的负性画面和感受评估级别超过 6 级，或者植入正性资源环节找不到正性画面，此时干预者就需要特别关注，后续应及时对其进行个体干预。

五、图片-负性情绪表达技术的基本设置要求

为保证图片-负性情绪表达技术的效果，必须遵守一定设置要求，具体如下。

（一）人数要求

进行团体心理危机干预人数一般为 5～8 人，最多不宜超过 10 人。人数太少，往往团体的支持作用有限，而且会降低干预的效率。而人数过多，一方面会拉长整体干预的时间，另一方面会降低每个被干预者被关注的时间，最终影响团体干预的效果。

（二）人员要求

人员要求最核心的是两点：保证心理刺激强度为 4～6 级，要求入组人员尽可能保持高度同质性。

同质性高除了体现在刺激强度相近之外，还体现为参与人员尽可能具有相似的刺激源，以及具有相似的与受害者之关系。比如，有的被干预者负责现场的抢救工作，刺激来源包括视觉、听觉、嗅觉，甚至还有触觉，而有的被干预者负责维持现场的外围秩序，更多是听觉刺激。虽然这两类人的心理刺激强度可能都属于4～6级，但是刺激源不同。这种情况下，前者在团体中表达的内容可能成为后者的新刺激源，造成新的创伤。另外，有的被干预者是遇难者的家属，有的是遇难者的同学，有的可能只是路人，由于与遇难者的感情关系截然不同，即使他们的刺激强度相同，也不宜放在同一组中。

（三）干预小组

一般每个干预小组包含三个角色，分别为主干预者、业务助理和行政助理。主干预者负责带领整个团体完成干预工作。业务助理需要协助主干预者对整个过程进行观察和补充，干预结束后与主干预者进行讨论，并及时应对干预过程中出现的突发情况。比如有人情绪特别激动无法坚持，就需要由业务助理带到其他安静的房间，并进行陪同。行政助理则负责整个后勤保障工作，以及提前沟通和协调团体干预的人员数量、时间和场地安排等。

（四）场地要求

一般选择较为安静、相对私密的场地，尽量保证环境舒适，这样能够给参与人员带来足够的安全感。

（五）规则

1. 尊重与倾听

所有参与人员需要相互尊重，而全神贯注地倾听则是表达尊重的最好方式。大家轮流发言，每次发言必须只能一个人，其他人不得随意打断。

2. 每人都要发言

在团体中发言表达想法与感受，是接受干预的必要形式，同时也是对于其他发言者的一种尊重。因此，需要每个人都进行发言。但是，在干预过程中，往往由于这样或那样的原因，有些被干预者对表达有顾虑或抵触。因此，干预者需要事前强调每人发言的规则，同时在选择第一个发言者时要寻找配合度高或者表达欲望强烈的人，这样可以起到非常好的示范作用。

第二节　图片-负性情绪表达技术的技术路线

图片-负性情绪表达技术主要包括四个部分：技术破冰、现场心理破冰、教授放松技巧和图片-负性情绪表达（见图 5-1）。

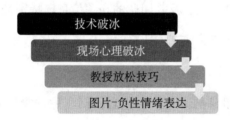

图 5-1　图片-负性情绪表达技术的技术路线

一、技术破冰

由于心理危机干预知识的相对欠缺，部分被干预者有可能在接受帮助的初期表现出不理解、不相信、不配合的情况。产生这种阻抗的常见原因有：首先，对干预者缺乏足够的信任，不相信干预者能够帮助自己解决目前的心理危机；其次，亲历危机事件，承认自己有应激反应，内心可能会有耻辱感，特别是在面对一个相对陌生的环境时更是如此；最后，对心理学不了解，觉得只有那些有严重心理问题者才需要接受心理援助，或者对心理学将信将疑，甚至不相信心理学会对他们有什么帮助。

所以，干预者在进行团体心理危机干预时，首先就要运用一些专业技术消除危机事件受害者的阻抗。而技术破冰的功能就在于打破阻抗，帮助被干预者接纳自身的应激反应，接受心理援助。

（一）干预者自我介绍

由主干预者介绍干预小组成员、专业背景和过往经验，以及本次干预的目的。在介绍过程中一定要真诚自信，目光照顾到所有小组成员，同时又要注意介绍的专业性。比如我们可以这样说："大家好，我们是来自××医院/学校的心理危机干预小组，受到××的邀请来为大家提供一些心理方面的帮助。我叫××，这位是我的助手××。我们曾经参加过……被邀请过来的目的是希望通过专业的心理方法给大家提供支持和帮助。"干预者的自我介绍能让被干预者迅速了解干预者及其团队的相关信息，特别是专业水平和专业经验方面的内容，从而快速建立信任感。

（二）正常化教育

刚刚经历危机事件的人们，会出现不同程度的身体和心理反应，向受事件影响的人们解释一些常见的反应，可以减轻他们的恐惧、焦虑等情绪反应。比如，我们可以这样告诉被干预者："人们经历重大事件后，会出现恐惧、焦虑、失眠，以及脑海中反复出现负性画面等情况，这些反应都属于正常现象；相反，如果你没有任何反应，我们反而很担忧。"这样的反馈，就能在很大程度上减轻被干预者由于心理学知识的匮乏而造成的对自己心理反应的恐慌。

（三）技术共情

明确说明干预者能为被干预者提供哪些帮助，以及这些帮助的科学原理，激发他们的求助愿望；通过向被干预者介绍心理危机干预的具体工作方法、技术手段，促使他们认同干预者的专业性，增强信任感，从而愿意接受专业的帮助。一般可以这样介绍："大脑中反复出现的那些影响睡眠、食欲的恐怖画面虽然属于常见的心理反应，但是如果不及时处理，就有可能使一些问题长期化和复杂化。而我们有专业的技术和经验，可以在短时间内帮助大家缓解或消除这些问题，保证大家恢复正常生活。"

二、现场心理破冰

该环节借鉴了心理行为训练这一现场心理破冰技术的形式和内容，旨在建立团体资源，减轻应激反应，为后续心理危机干预工作打下基础。由于心理行为训练已经在前面做了详细描述，在此不做赘述。这里重点介绍选择心理行为训练项目的时候，需要遵守的原则。

（一）不限场地，简便易行

因为危机现场的实际环境条件往往难以预测，所以选择的项目应不受场地限制，而且在操作起来的时候要相对简单，不需要太复杂的道具。

（二）有利于调动全员参与

开展心理行为训练的目的是拉近全员的心理距离，建立良好的团体氛围。所以选择的项目要能调动所有人，而且尽可能不要选择竞争色彩过浓的项目，避免因为过分竞争或者失败而破坏团体的温暖氛围。

（三）适合成员的身体和心理状况

如果被干预者是救援人员，是年轻的官兵，情绪状态较好，那么可以选择欢快一点、稍微有一些难度的项目，比如"无脚站立"等。如果被干预者是遇难者的家属，情绪比较低落，而且女性偏多，那么可以选择温和、简单一些的项目，比如"我们是一家人"。

以下是在此环节常用的三个项目，供参考。

项目一：信任背倒

任务：

在队友协助下，所有队员依次站在圆心向后倒。

规则：

队员围成一个圈，另有一名队员站在圆心，向后倒；

围成圈的队员用手轻推，使中心队员恢复站立；

中心队员再倒向其他方向，绕圈一周；

换下一名队员，循环一遍。

注意事项：

中心队员做好防护姿势；

后倒之前询问保护人员是否做好准备。

项目二：无脚站立

任务：

所有队员相互连成一个整体，互相把脚搭在别人身上，用手撑住地面，实现无脚站立；

在三分钟时间内，整体移动三米。

规则：

已经离地的脚不能再用于支撑身体；

不管怎么摆造型，最终所有队员的身体必须连成一体；

最后除了手之外，身体的任何部位都不能用于支撑身体；

移动过程中，违反以上规则，须重新开始。

项目三：翻越毒叶

教具：80cm×100cm的帆布一块（可根据人数调整大小）。

任务：所有队员全部站到帆布上，在所有队员任何部位不能接触地面的情况下将帆布翻过来。

规则：

不允许任何人离开帆布；

项目进行过程中不允许任何人的任何部位接触地面。

三、教授放松技巧

技术破冰和现场心理破冰可以帮助被干预者快速相互熟悉，建立信任感。但是，在面对心理危机时被干预者仍然会出现强烈的负性情绪和躯体反应，这些反应非常不利于团体干预的进行，也会阻碍正性资源的挖掘与植入。为此，教授被干预者一种简便有效的放松技巧非常重要。

根据心理危机干预工作的经验，我们总结出了"感受呼吸温差放松法"。它对场地没有限制，也不需要借助任何外界的设备，学习和操作非常简单，最重要的是有放松状态的明确指示物——通过呼吸温差帮助被干预者了解自身是否处于放松状态，通过外部指示物帮助干预者了解被干预者的放松情况。

它的核心要点是让被干预者保持舒适的身体姿势，放松全身肌肉，集中注意力感受呼吸过程中体验到的温度差异。接下来具体描述它的操作方法。

首先找一个舒服的姿势坐着，闭上眼睛，把注意力集中在鼻腔的气流上，缓慢地吸气，使气流流经鼻腔、胸腔到达腹腔，体验气体通过鼻腔时的温度；然后再缓慢地呼气，使气流从腹腔流经鼻腔，慢慢地呼出，体验气流经过鼻腔时的温度。

在教授放松技巧的过程中，需要注意以下两点。

（1）教授原则和方法时，不急于体验。此环节重要的是给被干预者讲清操作流程，不急于让被干预者体验。因为每个人的呼吸节奏、浸入状态不同，体验到的放松感受也会有差异。如果边讲授、边操作，教学过程就会因个体差异而被拉长。故此时，重要的是理解规则，掌握流程。

（2）寻找放松状态指示物。被干预者可以通过手或者手指作为放松状态指示物，比如当感受到呼吸温差的时候轻轻举起右手拇指，当感受到温差更大的时候拇指举得更高一些，这样干预者就能迅速了解被干预者的放松情况。

当然，除了"感受呼吸温差放松法"，干预者也可结合被干预者的身心状况、现场的条件以及自己的经验，尝试教授其他的放松技巧。通过教授被干预者放松技巧，可达到以下两个目的：缓解负性情绪，习得放松技能；为正性资源强化打下基础。

四、处理负性画面和感受

经过技术破冰和现场心理破冰，并教授放松技巧后，就可以对被干预者的负性画面和感受进行处理了。这一步骤的技术路线是：首先通过对负性画面和感受的回忆，将两者进行联结；然后通过言语的描述和表达，疏导负性情绪；最后在放松后植入温暖画面，用温暖画面进行脱敏，最终激活被干预者的心理能量，使其带着有温度的画面回归正常生活或走回工作岗位。

（一）图片-负性情绪表达

首先，要求每一位被干预者回忆近期在脑海中出现频率最高、对自己影响最大的一幅负性画面，并体验这幅画面带来的负性感受，包括情绪上的、躯体上的和行为上的等。其次，让每一位被干预者描述画面的细节，并表达相应的感受。在表达过程中，干预者要做出及时的回应，并引导被干预者聚焦在相应的画面与感受上，然后帮助被干预者做出心理评估，比较当下与危机刚发生时的主观心理刺激强度，了解心理状态变化曲线。干预者结合被干预者的主观报告和自己的观察，做出整体的心理评估，判断被干预者的心理状态。在一个被干预者表达结束，征询他的同意后让其自行放松，短暂间隔后请下一个被干预者表达。

图片-负性情绪表达能帮助被干预者将影响最大的画面和感受相联结，疏导负性情绪。此外，在这个过程中干预者要注意筛查重点人员。

这一步的注意事项包括：

（1）描述内容时应围绕画面和相应感受，而不是叙述经历。

（2）描述画面时尽可能清晰、细致，表达负性感受要充分、准确。

（3）一般每人只描述一幅画面。

（二）心理放松

当所有的被干预者都已描述和表达完后，要集体进行彻底的放松。一方面帮助大家通过放松对抗焦虑、恐惧等负性情绪，另一方面为后面的强化正性资源做准备。

其中需要注意的是干预者的放松引导要有节奏，引导语不能太多，速度不能太快。每个人放松的进程会有一些差异，可以提示已放松的个体举起左手或者右手的拇指示意，最终保证所有人放松的效果。

同时，干预者如果发现放松环节有被干预者的负性感受仍然无法疏解，或者不能放松下来，则要筛选出来，再进行个体干预。

（三）强化正性资源

在彻底放松的状态下，要求每一位被干预者去想象一幅能带给自己力量的画面，并且体验画面带给自己的感受。当所有人都示意画面清晰，并且体验到感受之后，就可以让被干预者依次用语言表达出来。当其中一个人在分享时，其他人要给予关注，并认真倾听，在团体中营造温暖和有力量的氛围。分享也能提示每一个人在自己的日常生活和工作中挖掘正性资源，对抗负性的事件对自己造成的影响。其中需要注意的是，在强化正性资源这一步之前，被干预者需要彻底放松；回忆正性画面和体验正性感受时，可以闭上眼睛，减少干扰，在描述和分享时再睁开眼睛。

引入和挖掘正性资源，旨在对抗负性画面和感受，使负性情绪与正性情绪之间达到平衡。而干预者则可以通过被干预者的表达和自己的观察，了解团体干预的效果。在干预的最后，还可以就整个干预流程进行回顾，并根据所分享的正性内容做总结反馈。至此，就完成了整个"图片-负性情绪表达技术"。

第六章　图片-负性情绪打包处理技术

重大/突发危机事件发生后，受影响程度达到中度（4～6级）的个体适合使用图片-负性情绪表达技术进行团体干预。除了可以在单位时间内覆盖到更多需要干预的人外，上一章介绍的图片-负性情绪表达技术还可在短时间内快速达成现场团体干预的核心目标，即实现正常化教育的同时积极调用自身资源，借助团体的力量，转化危机事件带给自己的感受。当然，在经过团体干预后，可能仍会有一部分个体需要进行一对一深入处理。接下来将详细介绍针对个体的干预技术——图片-负性情绪打包处理技术的操作原理、基本设置及技术路线。

第一节　图片-负性情绪打包处理技术概述

图片-负性情绪打包处理技术可靶向解决危机事件闪回画面带给个体的负面影响。它利用眼动技术，借助辅助工具，可以在20分钟内处理掉闪回画面，进而减轻画面附着的系列身心反应。本节重点介绍该技术的核心原理和使用设置。

一、图片-负性情绪打包处理技术的核心原理

（一）打包画面与负性反应

在危机干预实战中，我们发现应激障碍患者容易受到危机事件情景的视

觉冲击，而且在所有的典型表现中，刺激画面闪回是非常突出的一个。另外，在对被干预者的访谈中，对危机事件的画面感的描述，亦是非常常见。危机事件发生后，无论是被干预者的有意识表述还是无意识闪回，创伤性的画面都会伴随着一系列的情绪、躯体、认知抑或行为等反应，这种附着负性身心反应的"画面"是现场危机干预中非常重要的处理对象。我们在技术研发中，将画面与负性的情绪反应作为一个单元整合到一起，为下一步用眼动消除画面做好基础。

（二）功能分析细分需处理画面

面对重大危机事件发生，在强烈刺激的冲击下，被干预者往往首先关注到的是让自己感受糟糕的一面。在他们寻求帮助的时候，更容易表达出的也是危机事件带给自己难过的一面。我们在运用图片-负性情绪打包处理技术进行处理时，需要设置一个环节，即对产生负性影响的画面进行详细的功能分析，因为在满目疮痍的危机事件及不停闪回的画面中，可能有一些元素对于被干预者而言有一定的功能意义，如果不进行切割，接下来的画面处理环节就会遇到阻抗，直接影响整个干预的效果。

在我们的危机干预实战中，有这样一位被干预者：地震夺走了他妻子的生命，而且妻子走的时候血肉模糊、身体残缺，这是他夜夜梦魇的画面，是他想要处理的。但在干预的过程中，他亦透露："妻子走得很突然，很不完整，但至少是在我的臂膀中走的，让我送了她最后一程……"通过被干预者的讲述，我们能够发现这其中有被干预者想要处理掉的一面，比如妻子血肉模糊的样子，但有一部分元素对于他而言有新的功能，比如妻子躺在自己的臂膀中。面对这样的画面，我们在处理前一定要进行功能分析，对画面进行切割，去掉对被干预者产生负性影响的画面，保留住对他有功能意义的画面。

（三）用快速眼动直接处理已打包的图片-负性情绪

快速眼动方法借鉴了已被证明处理创伤效果明显的眼动脱敏与再加工技

术（EMDR），它是 Shapiro 女士发展出的一种整合的心理疗法。

根据 Shapiro 提出的信息处理模式，消极生活事件或创伤导致大脑皮层某区域过度兴奋，从而阻滞了正常的信息加工过程，表现为大脑物理信息加工系统的生化平衡遭到破坏，并引起神经病理改变。这使得信息加工系统无法做出适应性的调整，结果从经验中得到的知觉、情绪、信念和意义被"困"在了神经系统内。被阻断的信息可能被事件的不同方面触发——情景画面、躯体感觉（身体不适、嗅觉、味觉、听觉等）、情感、认知（如自信、价值评价），也可能与其他相关或不相关的事件存在内在的联系，如有相同的画面、感觉等，这些信息最终会储存在记忆网络内。我们的信息加工系统，便有可能因超负荷而受到干扰。由此，大脑本身的调适功能和健康的神经传导受到阻碍，从而造成了想法上的执着和知觉、情绪上的不适。

根据研究，创伤记忆和负面资讯常被凝滞在大脑右半球的身体知觉区。在这样的情形下，让双眼的眼球有规律地移动，可以加速脑内神经传导和认知处理活动的速度，使阻滞的不幸记忆动摇，让正常的神经活动畅通。

快速眼动作为一种信息加工的方法，可能通过几种方式"解放"大脑内被困的信息加工过程。（1）它可能触动类似于在学习和记忆中使用的机制，此时大脑的功能状态如同在慢波睡眠中呈现的那样。受阻的信息加工可能是由大脑两半球相对应脑区之间的阶段性不一致造成的，而有节奏的快速眼动能使得大脑两半球的沟通得到改善，使被阻断的信息材料得到加工。（2）快速眼动能激活存在于大脑内的适应性信息加工系统，使被干预者在过去的创伤中形成的非适应性的或功能失调的信息的各个方面（表象、情绪、认知、躯体）变得具有适应性，从而形成健康的应激反应模式，接受并适应随之而来的丧失，重新建立同环境的社会和情感联系。

（四）给予温暖画面正性强化

在负性的画面消除之后，原来因危机事件带来的画面和负性感受的联结被消除，此时再以正性的画面以及理念进行巩固强化，让被干预者感受到正性体验，用温暖画面及正性体验进行脱敏。一般被干预者可以从过去的生活或者工作情景中，找到让自己体会到温暖和力量的画面或情景，通过在放松的状态下去仔细地回忆这个正性的情景，体会由此带来的正性感受。对已处理的负性画面及负性情绪再次用温暖画面及积极感受进行脱敏，可以帮助被干预者将这种积极的感受迁移到咨询室外，增强其应对危机和困境的能力。

二、图片-负性情绪打包处理技术的目标和设置

(一) 图片-负性情绪打包处理技术的目标

秉承"快速、简捷、有效"的整体危机干预原则，图片-负性情绪打包处理技术的长期目标与整个心理危机干预工作的总体目标一致，即恢复危机事件受害者的社会功能，帮助他们尽快回归正常生活和工作。在受危机事件影响的 2 天到 2 周之内，及时地降低或消除各种负性感受，可以预防演变成更严重的急性应激障碍、创伤后应激障碍。

在短期内，图片-负性情绪打包处理技术预达成三个目标：首先是有效处理引发被干预者最强烈应激反应的创伤画面，使之淡化、模糊、消失；其次是缓解、减轻急性应激反应，尤其是画面闪回以及负性的情绪、躯体和认知反应；最后是强化正性资源，增强控制感，快速恢复心理平衡。

(二) 图片-负性情绪打包处理技术的设置

1. 人员要求

被干预者一般受危机事件的影响程度相对严重，主观报告的心理刺激强度在 7 级以上。在条件允许的情况下，尽量保证以团队的方式进行干预。因此，需要两名干预者：一人作为主干预者，面对被干预者展开干预工作；一人作为业务助理，协助主干预者完成计算机辅助系统的操作以及其他辅助工

作（比如细节观察、及时补充、保证干预不被打断、其他服务等）。

2. 场地要求

危机事件发生后，现场环境和资源往往会受到限制，在条件允许的情况下，应保证干预环境安静整洁，以便能够让被干预者更快地体验到平静和安全。另外在干预过程中，要尽量保证过程的完整性，不应被其他的事情和人中途打断，所以干预场地应该尽量封闭或者人员出入可控。

3. 后续追踪

图片-负性情绪打包处理技术可以在危机事件发生后，快速地帮助受影响程度严重的受害者摆脱画面闪回的困扰，恢复日常的生活和工作能力，一般20分钟内就可以达到干预效果。为了了解和保证干预效果的持续性，在自愿的情况下，可请被干预者填写个案追踪卡，以便在 1 个月、3 个月、12 个月后对其心理状态进行追踪回访，如果 12 个月未出现反复，就可根据被干预者本人的意愿选择性进行更长期的追踪回访。

第二节 图片-负性情绪打包处理技术的技术路线

图片-负性情绪打包处理技术是在行为疗法、认知疗法等方法的基础上，结合眼动脱敏过程，经过实践检验和标准化而形成的一种综合性技术。该技术共包含五个步骤，每个步骤都有其具体的目标、关键操作和注意事项。接下来将结合案例，对每一个步骤进行详细介绍。

步骤一：图片-负性情绪联结

（一）目标

危机事件发生时的各种场景会以图片的形式储存于受害者的大脑中，这些时常出现在脑海中的画面会引发当事人各种情绪、躯体、认知上的反应。因此干预者与被干预者确认干预关系之后，首先要做的就是帮助被干预者将创伤画面描述出来，并体验其引起的负性情绪，建立起图片和负性情绪的联结。

（二）关键操作

具体做法包含三项关键内容：首先，让被干预者回想对他影响最大、印象最深的创伤画面，并且尽量详细地描述出来；其次，体会这幅画面带给自己的情绪感受、躯体反应和认知的改变，从而使画面和情绪之间建立起联结；最后，对具体的情绪、躯体和认知反应分别进行 1～10 点评级，确定被干预者受影响的程度。

（三）注意事项

第一步的注意事项是，请被干预者尽量去找对其影响最大的画面。在经历创伤事件后，被干预者大脑中可能存有多幅对他有影响的创伤画面。如果把对被干预者影响最大、印象最深的创伤画面及其产生的反应消除，就可以大大减轻危机事件对被干预者的影响。当然，如果有几幅画面都对被干预者有着极强的影响，经过交流和确认，可以将几幅画面及其带来的反应依次消除，但注意要按照顺序，一幅一幅地处理。另外，画面描述越清晰、越具体，图片-负性情绪的联结会越好。

（四）案例实录

干预者：你说曾经看过一段恐怖视频后，现在有一些恐怖的画面让你感觉不舒服，能跟我详细地描述一下那个画面吗？

被干预者：恐怖视频中有一个恐怖组织暴徒切割人质头颅，暴徒摁着人质的头，拿着尖刀生生地割下去，还发出咯吱咯吱的响声，人质也痛苦地挣扎着，喉咙里发出咕噜的声音，像是想喊却喊不出来。暴徒一直拿着刀一刀一刀地割着，最后人质的头被割下来，掉到了地上，被切断的脖子上一直涌出鲜血来。现在只要想到这个画面就会感到非常害怕和紧张。（身体紧绷，紧张地讲述画面）

干预者：听你这么详细地描述了画面，我想请你评估一下画面的清晰程度是怎样的。1～10 级，分数越大代表越清晰。

被干预者：9 或者 10 级吧，非常清晰。

干预者：好的，那如果给害怕和紧张的感觉评一个级别，1 级是对你影响最小，10 级是对你影响最大，你觉得现在对你的影响大约在几级呢？

被干预者：现在想起来，害怕和紧张的感觉仍然在 9 到 10 级。

步骤二：功能分析和图片分离

（一）目标

在第一步，被干预者倾向于描述负性的画面和感受，但是被干预者回想出的画面中是否存在正性的部分呢？接下来，就要对被干预者描述的画面做功能分析，确认画面中是否存在正性的部分。因为每个人对自身负性的部分都有本能的排斥，而对正性的部分会很珍惜想保存，如果有正性的部分就需要进行分离，否则在后边消除画面和感受时会比较困难。

（二）关键操作

具体的做法是询问被干预者，并且确认其描述的画面和感受中是否有需要保留的部分。询问完后，被干预者的回答可能产生三种处理画面的方式。第一种结果是整幅画面都要消除，也就是整幅画面都是负性的，如整幅画面都充斥着分离的残肢、变形的躯体、鲜血横流等刺激性的场景。第二种结果是切割处理，被干预者认真体验后发现画面中确实存在正性的部分，比如微笑的面孔或人与人之间的互相支持和鼓励等，这些就是需要保留的。为此，我们需要请被干预者再分别清晰地确认负性和正性的画面和感受分别是什么。第三种结果是不需要消除，被干预者再仔细回想和体验之后，发现并不需要或者不想把画面和感受消除掉。此时，就不需要后续步骤的操作。

（三）注意事项

在进行功能分析和图片分离时，需要注意，对于被干预者描述的画面，要尊重被干预者本人的意愿。也就是说，被干预者认为是负性想要消除的，那就是需要消除的；如果是正性想要保留的，那就是需要保留的。

（四）案例实录

干预者：……如果我们一会儿可以把这个画面做一个处理，让它消失掉或者变得模糊，你是愿意把整幅画面都处理掉，还是想保留某些部分？

被干预者：没有想保留的，最好都忘掉。

步骤三：图片-负性情绪打包

（一）目标

如果通过功能分析明确了反复闯入被干预者脑海的刺激性画面或画面的一部分是其非常想进行处理的，那么接下来，就要再次对需要消除的画面和负性感受进行紧密联结，即打包。

（二）关键操作

具体的做法是请被干预者把注意力集中在需要处理的那部分刺激画面上，并鼓励被干预者体验画面带给自己的情绪感受，从而完成负性情绪与画面的打包过程。

（三）注意事项

第三步的注意事项是：请被干预者闭上眼睛，这样可以减少其回想画面和感受时的外在干扰；画面回想和感受体验要清晰，而且越清晰明确，后续的干预效果也就越好。

（四）案例实录

干预者：好的，现在请闭上眼睛，再次想象这个让你很不舒服的画面，感受这个画面带给你的害怕和紧张，并将它们黏合在一起。如果你做到了，请睁开眼睛告诉我。

被干预者：（睁开眼睛）我准备好了。

步骤四：快速眼动

（一）目标

前三步的工作，旨在把需要消除的画面，和由此带来的负性体验明确并联结起来，接下来要做的就是利用快速眼动技术，修通受损的大脑神经通路，使得左右脑之间的信息传递畅通，借助左右脑的协同合作，重新评估创伤事件，从而阻断创伤记忆与痛苦情感之间的联系。这一步可以借助我们开发的"心理危机干预计算机辅助系统"完成。

（二）关键操作

具体的做法是：首先，确定快速眼动小球的速度，辅助系统里默认小球的速度适合大多数人，如果感觉过快或者过慢也可以在第一次眼动结束后自主调节速度。其次，引导被干预者做好准备姿势，正对电脑，眼睛与小球平视。当点击开始，小球快速地左右移动时，被干预者保持头不动，但眼球紧紧跟上小球的移动。再次，每组快速眼动结束后，引导被干预者闭上眼睛快速进行放松，放松之后询问被干预者画面的变化，以及画面带给自己的感受的变化。最后，反复进行眼动和放松训练，直到达到干预的效果。

（三）注意事项

第四步的注意事项是：第一轮眼动结束后，要询问被干预者，小球的速度是否合适，以便根据被干预者的个体情况调整小球的速度。眼动不是单轮完成的，而是进行4～6轮才可达到良好干预效果。建议心理刺激强度降到1～3级后结束，最重要的参考是被干预者对干预效果的反馈。另外，每轮眼动结束之后，及时引导被干预者进行放松，并评估画面变化情况，以及个体的情绪、躯体感受强度的变化情况。在快速眼动的过程中，被干预者的画面变化会因人而异，但良好效果的共同点是负性的感受明显减轻或消失，负性的画面消失、不再闪回，或者主动想起也不会引发负性的感受。

（四）案例实录

干预者：现在请正对着电脑屏幕坐着，眼睛离电脑屏幕大约30厘米，等会屏幕上的小球会左右移动，你要做的就是保持头不动，眼球紧紧跟上小球的移动，准备好了吗？

被干预者：（点头）（进行快速眼动……）

快速眼动结束后……

干预者：找一个舒服的姿势坐着，然后深深地呼吸，慢慢放松下来，去感受那个画面以及它带给你的感受有什么变化。

被干预者报告三次眼动效果的画面和感受变化：

第一次：那个画面边缘真的变得模糊了，但是中间还能看到。

第二次：那个画面变远了，飘在离我很远的地方，我好像没那么害怕了。

第三次：没了，没了，那个画面没有了。（高兴地哭泣……）

干预者：很好，现在我们开始进行下一个环节。

步骤五：温暖画面与正性理念植入

（一）目标

经过前面的工作，被干预者想要处理的带有负性感受的画面或部分画面被消除，接下来就是使被干预者对创伤体验的认知更加积极，获得面对现实的正性力量。

（二）关键操作

具体的做法是：首先进行彻底放松（如使用"感受呼吸温差放松法"或者深呼吸），放松之后请被干预者在自己的生活或工作中找到一幅正性画面，并且去看清画面和体验正性的感受。找到并确认之后，被干预者再睁开眼睛并向干预者详细具体地讲述自己找到的温暖画面。然后干预者给予相应的正性理念强化，引导被干预者在以后的现实生活和工作中也能继续利用正性资源去应对困难和挫折。并且，告诉被干预者如果需要进一步的帮助，还可以继续联系干预者。

（三）注意事项

最后一步的注意事项是：引导被干预者进行温暖画面想象时，要先进行放松；放松和温暖画面的想象都是闭着眼睛完成的，尽量减少不必要的干扰；被干预者描述正性画面和感受时要尽可能具体、清晰。被干预者越放松，描述的温暖画面越清晰，其正性理念的植入就越深。

（四）案例实录

干预者：请你闭上眼睛，深深地呼吸，让自己放松下来。

被干预者：（放松中……）

干预者：（观察被干预者放松下来后说）我们的生活或工作中都会有些让自己感觉温暖的画面，现在去找一幅让你感觉温暖、能得到力量的画面。如果找到了就请睁开眼睛，并将其描述出来。

被干预者：这是我结婚时的场景，我跟妻子跪在双方父母的面前，他们微笑着祝福我们，感觉特别幸福。其实，对于想起这幅画面，我自己也比较意外。（一直笑着分享正性的画面）

干预者: 能从你的表情中看到满满的幸福,祝福你! 那么,对目前的效果是否满意? 现在可以反馈下你目前的感受吗?

被干预者: 我对干预效果非常满意,你让我尽量描述那个恐怖画面时,我又体验到了它带给我的感觉。然后你说眼动能帮我消除掉画面和感受,其实我不太相信,只是想试试看。但是真的很神奇,那个画面第一次变模糊了,之后又变远,甚至消失了,当时它给我的负性感受也基本没有了。让我感觉更好的是,后来让我放松找温暖画面,这个过程中我很放松,现在很舒服。非常感谢老师!

干预者: 也感谢你的信任! 现在咱们回顾一下刚刚一起进行的工作。首先,我们确认了你想要处理的画面和负性感受;然后,对它们进行了联结和打包;接着通过三轮快速眼动,完全消除了让你不舒服的画面和感受;最后你找到了一幅让你感觉温暖、幸福、有力量的正性画面,并对本次的干预效果满意。稍后你可以自愿填写一张个案追踪卡,我们也会关注干预效果的维持情况。最后希望本次的干预体验能给你两个提示:首先是自己或者认识的人遇到类似的问题时,希望你能意识到有专门的方法可以帮助我们快速地消除危机事件的影响;另外每个人都有很多的正性资源,在以后的工作和生活中可以有意识地去发现、去使用,这是我们对抗挫折、克服困难的很宝贵的资源。如果你没有其他的疑问,我们本次的工作就到此结束了。如果你愿意,可以留下联系方式,我们会在接下来1个月、3个月和半年的时候对你做一次回访。

被干预者: 好的,非常感谢!

第七章 现场心理危机干预的组织实施

很多初学者容易形成这样的一个观点，即掌握和操作各种危机干预技术就是危机干预工作的核心。其实，现场心理危机干预是一个系统的工作，从接到干预任务开始，我们已经开始了危机干预实际工作。从根据任务组建团队，完成必要的信息采集，构建现场心理动力模型，到根据模型制订干预方案，对不同人群实施干预，对危机事件进行组织公关……可以说，危机干预不仅仅是针对被干预者的单点工作。本章将详细介绍现场心理危机干预的组织实施工作框架，该框架旨在将干预工作做到实处。

第一节 现场心理危机干预组织实施概述

现场心理危机干预的组织实施，涉及现场心理危机干预工作的各种准备、进驻现场后的技术路线及现场工作结束后的后续工作开展。尤其是面对突发/重大危机事件，其波及的人群广泛，更需要从顶层设计好现场危机干预工作各项环节。组织实施包含组建团队、构建现场心理动力模型、制订干预方案、实施干预方案、当日小结与现场督导、形成干预档案、定期追踪与回访、督导与总结八个工作环节。

为什么要设计这么多的工作环节呢？这些内容，都是我们的心理危机干预专家团队在大量的现场心理救援工作过程中摸索出来的宝贵经验。危机现场充满了各种不确定性，危机事件的发生带来的不仅仅是个体的精神创伤，组织层面也经历着严峻的考验，对内有团队的安稳、工作效能的恢复，对外有信息的播报、危机公关等等。故此，我们深刻感受到针对职业人群开展危机干预工作，是一个兼顾组织与个体的系统工作，其根本目标依然是帮助被干预者应对心理损伤，预防 PTSD 及其他心理疾病，防止组织效能滑坡，稳定团队，建构积极氛围。

针对重大/突发危机事件进行现场干预，从生命救援到心理救援，都有其黄金时间。我们建议针对职业人群开展现场心理危机干预工作以危机事件发生后 72 小时内为最佳时间，原因在于：一方面，在危机救援中，生命的救援始终是第一位的，心理干预要为此让出宝贵的时间。另一方面，经过高强度、快节奏的抢险与救援，有一波救援者或者深受危机事件影响的幸存者，已经被各种危机场景浸染了一段时间，有的人可能已经出现了急性应激反应如恶心呕吐、情绪低落、自责、无助、失眠等等，他们需要心理建设，减轻负性心理反应，走出心理危机期，恢复工作效能和常规生活状态。

基于此，在进行针对群体、个体开展工作的同时，干预者心中需要有一个整体工作框架，按照组织实施技术路线开展现场工作。接下来有几点注意事项，这也是我们多年实战摸索出来的经验感受。

（1）坚持团队作战。我们始终强调，心理危机干预工作是团队作战，团队的成员人数往往需要根据危机事件影响范围、可以调用人员数量、任务时间等共同决定，切不可单枪匹马。

（2）现场心理动力模型构建是关键。现场心理动力模型涉及干预者和被干预者两个群体的心理动力变化趋势，干预者的援助动力会影响到干预的效果，被干预者的求助动力也会影响到干预效果。在危机现场，干预者也是自然人，他们面对危机事件也会产生自然人应有的情绪心理反应，但他们需要带着这份影响开展工作，所以危机干预团队的领导者要时刻关注干预者的心理动力走向，确保干预者在对被干预者进行心理建设时有着饱满的精神状态。与此同时，危机干预团队的领导者也需要敏锐洞察被干预群体的心理动力变化，结合心理大数据模型，为被干预者匹配恰当的干预方式。在危机现场，干预者、被干预者作为两个重要的群体，他们的动力走向会受环境的影响，也会受彼此的影响。所以，构建现场心理动力模型是非常重要的工作环节。

（3）灵活应变，有效调整。每个危机干预现场都是不同的，而且危机现场每时每刻都在发生着各种变化，所以需要根据组织实施的整体路线进行灵活调整。这就要求我们深刻领悟每一个环节的工作目标，能够基于目标灵活调整实现形式。心理危机干预工作是一种特殊形态下的心理咨询，它也充满了艺术性，需要我们每一个危机干预工作者根据危机现场情况灵活开展工作。

（4）每个环节不可缺少。灵活调整是为了更好地应对危机干预的现场情况，但是不能因为灵活而摒弃或者遗漏某些环节。因为每个环节的设置都是干预团队反复实践与探索的结果，都是整个组织实施过程必不可少的部分，所以整体框架和核心步骤不能缺少，只是可以在这个基础上对具体工作细节与安排进行灵活调整。

第二节 现场心理危机干预组织实施的技术路线

危机干预组织实施的技术路线如图7-1所示，主要包括组建团队、构建现场心理动力模型、制订干预方案、实施干预方案、当日小结与现场督导、形成干预档案、定期追踪与回访、督导与总结八个环节。

图 7-1 现场心理危机干预组织实施的技术路线

一、组建团队

(一) 团队角色与职责

接到现场危机干预任务，了解危机事件后，首先应迅速组建心理危机干预的团队，一般一支专业的心理危机干预团队中会包含领队、业务助理、行政助理、新闻发言人和精神科医生五种角色，每种角色都有其关键的角色职能。

1. 领队

领队统领全局，负责整个心理危机干预的组织实施和干预团队的人员管理。最适合领队角色的人，一般有深厚的心理学基础，对干预工作开展有一定经验，同时又具有一定的职位。只有这样才能更好地保障危机干预的组织工作。

另外，领队作为整个危机干预团队的领导者，可承受的心理刺激强度至少应在8～9级（10级最强，刺激强度的具体表述详见第二章的相关内容）。这并不是说领队在面对包含高刺激强度的危机事件场景时完全没反应，而是指即使产生了应激反应，也能及时进行调节，且逻辑思维不受影响，情绪相对稳定，闪回的症状较弱，能保持旺盛的精力。

2. 业务助理

业务助理由心理危机干预骨干组成，负责具体危机事件的管理、心理危机干预方案的制订，以及具体干预工作的实施。业务助理是危机干预团队中开展所有专业工作的核心人员，一般会按照事件影响范围和受影响人数分成不同的小组分别行动。业务助理应熟练掌握危机干预的团体和个体技术，并且可承受的心理刺激强度至少应在 7 级左右。

3. 行政助理

行政助理负责与各方面联系，是团队的后勤保障。当一支由多人组成的危机干预团队被派往危机事件现场，为受影响人员提供心理援助时，他们的衣食起居也需要最基本的保障，能否有强有力的后勤保障会影响到危机干预团队的工作效率和战斗力。另外，专业人员在开展工作的过程中，可能需要与负责其他救援任务的团队合作，这时行政助理就需要负责与其他团队和人员沟通。

4. 新闻发言人

整个心理危机干预的组织实施过程中都需要根据实际情况向上级或者对外公开发布信息。新闻发言人主要负责统一信息发布口径，制订新闻发言稿，并汇报团队的危机干预工作情况，比如工作的进展如何、取得的成果有哪些等。无论是对上级领导，还是对期待了解救援工作的社会大众，统一的信息发布，都有利于保障他们的信息知情权。新闻发言人的角色，也可视情况由行政助理兼任。

5. 精神科医生

精神科医生主要负责急性应激障碍和急性应激性精神病的鉴别诊断与处

理。如果心理危机干预的骨干没有精神科相关背景，则团队就需要配备精神科医生，这样在遇到受害者因危机事件导致的精神病类症状时，可以及时地进行鉴别和应对。

（二）团队组织架构

根据危机事件影响范围的大小，可以配备若干相应的干预小组（如图7-2所示）。每个干预小组至少需要三人：一位主干预者，负责前期的事件和人员信息访谈，以及后期的团体或个体干预实施；一位业务助理，综合来说就是辅助主干预者的专业工作，比如访谈过程中记录相关信息、干预过程中协助操作干预设备，或者协助应对干预过程中的突发情况；一位行政助理，负责该小组与整个危机干预团队的联系和后勤支持。

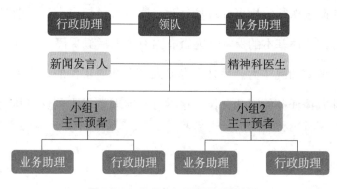

图 7-2　心理危机干预团队架构

（三）团队角色素质要求

作为心理危机干预工作者，往往需要亲临危机现场，或者在干预过程中详细了解被干预者所遇到的危机情境，这就需要每个成员具备一定的心理素质，能够承受足够的心理刺激，同时保持良好的工作状态。

如果把心理刺激强度按照1～10级进行划分，那么心理危机干预骨干需要承受的心理刺激强度在7级左右，而危机干预领导者需要承受的心理刺激强度在9级左右。

再次澄清的是，能够承受一定级别的刺激强度，不代表心理危机干预的专业人员对刺激没有任何反应。作为自然人，面对危机事件的正常反应（比如出现焦虑、恐惧、紧张等反应）也会出现。但是，这些反应的程度相对可控，不对现场干预工作构成影响。此外，产生的心理反应一般会在较短时间内（比如1～2天）借助干预团队本身的力量，得到较大缓解。

二、构建现场心理动力模型

首先，在进入现场前和进入现场后分别收集危机事件的相关信息，对危机事件进行管理和分析，了解事件的性质、影响范围、受影响人员的基本信息、现场救援工作开展情况等，初步确定现场心理刺激源、心理刺激强度和心理状态变化曲线。

针对干预者在不同时间节点参与心理救援工作的意愿强烈程度，建立干预者现场心理动力模型。针对被干预者在不同时间节点接受心理援助的意愿强烈程度和主观心理刺激强度，建立被干预者现场心理动力模型。然后结合上述两方面的内容构建关于整个事件的现场心理动力模型。关于现场心理动力模型构建的详细过程及注意事项，已经在第三章做了详细描述，在此不做赘述。

三、制订干预方案

构建了现场心理动力模型后，我们对危机事件及其造成的影响就有了比较全面的掌握。这样，在正式开展干预工作之前，我们就能在整体上把控接下来的工作安排和人员分配。具体而言，我们需要依据访谈得到的受害人员的受影响级别、人数等制订危机干预方案，为危机干预的实施提供可操作的工作流程。

（一）明确干预目标

接下来的所有工作规划都需要为危机干预工作的目标服务。在危机干预工作结束之后是否达到干预目标，是判断危机干预工作是否有效的重要标准。心理危机干预工作是危机事件发生后的紧急心理救援，首要目标就是降低受害者的急性应激反应，快速恢复社会功能。比如，对于军人、公安民警、医生、护士等现场救援人员，能否从事件造成的情绪反应（焦虑、恐惧、无助、烦躁、恐惧等）、身体反应（噩梦、失眠、呼吸困难、无法正常饮食等）、认知反应（健忘、效能低、高警觉、注意力狭窄等）、行为反应（退缩、沉溺于某种行为、自责、埋怨等）中快速恢复过来，会直接影响到他们的救援效率和以后的工作生活。危机干预的第二个目标是预防未来 PTSD 及其他心理疾病的发生。在危机事件发生后，对受到影响的人员进行及时的心理干预，及时地减轻甚至消除危机造成的反应，预防其随着时间的延续发展出更严重的应激障碍。

（二）确定干预对象

通过前期信息收集、危机现场信息收集、访谈等形式构建了现场心理动力模型后，就可以初步获得受影响人员及其严重程度。对受影响人员的心理刺激强度可以用 1～10 级进行划分：1～3 级，受到了轻度的影响；4～6 级，受到了中度的影响；7～10 级，受到了重度的影响。对于心理刺激强度在 1～3 级的，可以通过科普活动、心理行为训练等团体方式对其进行处理；对于 4级以上的，则需要进行团体或个体的心理危机干预，他们也是现场重点关注的干预对象。

（三）明确干预方法

在明确的干预目标指导下，接下来就需要对确认的干预对象采取不同的干预办法。

针对全员，通过科普活动进行宣传教育，让每一个人对危机事件有一个明晰的了解，可以采用讲座、分发自助手册等方式达成此目标。

对于不同的人群，可具体采用如下方法进行干预：

1~3级人员，围绕植入温暖、力量，打破心理阻抗的目标，具体可以采用心理行为训练来进行；

4~6级人员，进行团体干预，可采用图片-负性情绪表达技术给予情感支持，如果干预后还需要深入处理的，可以筛选出来进行个体干预；

7~10级人员，进行个体干预，可采用图片-负性情绪打包处理技术，快速处理闪回画面，减轻心理应激反应。

一个心理危机干预方案要在信息准确的基础上，尽可能地简洁易懂，可参考图7-3。

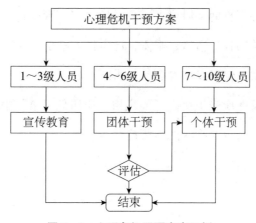

图7-3 心理危机干预方案示例

需要强调的是，干预方案要根据现场心理动力模型的不断完善随时进行调整，这样才能发挥现场心理动力模型的指导作用。

四、实施干预方案

完成了所有的准备之后，干预工作就可以有条不紊地开始了。针对不同级别的受影响人员，可采取不同的干预办法。

（一）宣传教育

1. 目标人群

目标人群是危机事件中所有受影响人员。

2. 核心目标

此项措施的核心目标是澄清事件，安抚稳定。

3. 干预方法

首先，通过各种形式澄清与事件相关的各种疑虑、谣言和误解，减少恐慌和猜测。比如及时对网络谣言进行澄清，避免职业人员因各种谣言而过分害怕和焦虑，从而消除或降低负性心理状态对开展救援工作的影响。

其次，通过心理自助手册或者心理健康讲座等形式进行正常化教育，普及与心理危机相关的各种情绪、躯体、行为和认知方面的常见反应，如恐惧、闪回、麻木、回避、惊恐发作等症状，明确告知被干预者"你没有疯"，如果没有任何反应，反倒应当担忧。还要视情况说明危机事件中的情境刺激与症状之间的关系，以减少对症状的不可控感。

（二）心理行为训练

1. 目标人群

目标人群为在危机事件中心理刺激强度为1~3级的人员。

2. 核心目标

核心目标是通过活动场景的设计，创造温暖的情绪氛围，增强个体的控制感和力量感，唤起群体的正能量。

3. 干预方法

干预方法为心理行为训练（详见第四章），旨在打破对心理危机干预的阻抗，帮助这个群体的人员快速获得社会支持，恢复原有社会功能及工作效能。

（三）团体干预

1. 目标人群

目标人群是在危机事件中心理刺激强度为4~6级的人员。

2. 核心目标

核心目标是初步干预，重点筛查，即通过团体干预迅速缓解或消除被干预者的应激反应，筛查症状较为严重的人员并进行个体干预。

3. 干预方法

干预方法是图片-负性情绪表达技术、稳定化技术、紧急事件应激晤谈（CISD）、危机事件压力管理（CISM）等团体干预技术。受到中度影响的人员数量可能较多，所以团体干预在保障效果的前提下，可以提高干预效率。在第四章中我们已经详细介绍了图片-负性情绪表达技术，它可以简捷有效地缓解或消除影响被干预者的负性画面和感受。

（四）个体干预

1. 目标人群

目标人群是在危机事件中心理刺激强度为7~10级的人员。

2. 核心目标

核心目标是缓解症状，减轻心理应激反应，恢复社会功能与工作效能，预防未来PTSD或其他心理疾病的发生。

3. 干预方法

可选择的干预方式有图片-负性情绪打包处理技术、认知行为疗法、暴露疗法、稳定化技术、快速眼动脱敏与再加工技术（EMDR）。在第六章中我们已经详细介绍图片-负性情绪打包处理技术，它可以简捷有效地缓解或消除影响被干预者的创伤性画面和负性感受。

五、当日小结和现场督导

（一）心理危机干预当日小结

在现场心理危机干预工作过程中，往往会面临一些突发情况，这对我们的心理危机干预工作者的素质提出了挑战。因此，危机干预团队应及时地互相沟通，做好总结，这是保证心理危机救援顺利有效进行的重要条件。

在心理危机干预过程中，应协调每个干预者的时间，每天工作结束后举行一次总结会。

1. 每晚领队召集危机干预团队成员交流并总结当天工作

经过一天紧锣密鼓的工作，心理危机干预团队成员除了按照既定计划完成危机干预工作任务之外，还可能需要应对很多突发的状况。团队领导和成员各自汇报当天的工作内容、工作进展，共享信息，了解整个团队的整体工作进展和每个小组及个人的干预状况。另外，对于团队各执行小组普遍存在的困难，可以群策群力，或者由领队统一协调所需的物质或人力资源；对于个别人员遇到的困难，可以借鉴其他组的处理经验，或者通过集体讨论，发挥团队的力量，梳理出可能的解决问题的思路。

2. 根据交流总结对工作方案进行调整，并计划次日的工作

每晚的总结会重点了解每位危机干预工作人员当天的工作执行情况和遇到的困难，领队在汇总了具体情况后，就可以对预先设定的心理危机干预方案做出适时的调整或完善，并对各方面的保障做好预期，比如后勤是否充足、团队成员的休息是否足够、专业队伍是否足以支撑本次干预的所有工作、是否需要增加或减少工作人员、是否需要申请或调拨人力和物质资源等。领队需要从宏观上把控整个心理危机干预队伍及其工作开展状况，保证后续心理危机干预工作的良好进展和效果。

3. 进行团队内的相互支持

在总结梳理完当下的工作进展，并规划完后续的工作安排之后，很重要的另外一点是进行团队的相互支持。长时间高负荷的心理危机干预工作对工作人员的体力和心力都是比较大的挑战，可能造成身心的疲惫和困倦。同时，危机事件不仅对亲历者有伤害，而且很有可能对参与心理救援的工作人员造成负性影响。长时间接触被干预者对危机事件惨烈现场的描述，及其对负性情绪和认知的表达，甚至事件现场或者受害者本身呈现出相对血腥的情景，都会对危机干预工作者的身心能量造成消耗。而总结会的最后，大家轮流表达内心的感受，并评估自己的状态可以保证团队成员及时对自己的状态进行觉察，并做出必要的调整。另外，开展一些温暖人心或者鼓舞斗志的团队小活动，也可以让身心俱疲的心理危机干预工作者获得坚持下去的力量和勇气。

（二）心理危机干预现场督导

无论是进行心理咨询与治疗工作，还是开展心理危机干预工作，在具体的实施过程中，都不可避免地会遇到各种问题或者困惑。此时，专业督导就是心理危机干预工作人员最适合的选择。专业的督导可以帮助干预者快速发现自身不足，对干预工作进展和个人成长都具有非常大的价值。因此，危机干预工作情况的总结会结束后，在条件允许的状况下，可以对危机干预的专业工作人员进行督导工作。

六、形成干预档案

为了对心理危机干预的过程进行及时备案，以及对干预团队及其具体干预过程进行规范管理，我们还需要形成及时的心理危机干预档案。另外，对心理危机干预工作中的组织实施情况和干预实施案例进行备案有利于积累经验，及时发现干预过程中的不足，以便调整干预方案，提高后续的干预效果。

档案的内容包括事件的信息（危机事件名称、发生时间和地点、事件影响范围）、被干预者信息（姓名、性别、年龄、联系方式、干预前中后状态、被干预过程）、干预方案的信息（初次方案以及后期的调整）、干预实施的信息（宣传教育的情况、个体干预和团体干预的案例记录）。

七、定期追踪与回访

危机事件发生后，对受害者及时地进行有针对性的心理危机干预，可以使其快速恢复社会功能，并有助于预防未来 PTSD 或其他心理疾病的发生。被干预者一般在干预完成的当下，症状就会有所缓解甚至消失，但是被干预者的这种良好状态是否保持稳定，就需要在结束现场心理危机干预工作之后，继续进行追踪和回访。

（一）追踪与回访的作用

首先，个案追踪和回访本身可以为被干预者提供重要的心理保障，让对方感受到专业的、持续的关怀与支持，有利于提升个体的安全感和控制感。其次，可以准确了解干预效果和被干预者的心理状况，如果发现有异常状况就可以进行及时有效的处理，从而避免更严重的情况发生。最后，所收集的干预效果数据和反馈，可用来指导专业人员提升技能，有利于干预流程和技术的改进。

（二）追踪与回访的流程

一般情况下，应在干预结束前向被干预者介绍追踪与回访的相关内容与重要意义，从而提高被干预者对该工作的接纳度和信任度。在征得其本人同意后，指导其填写"心理危机干预效果追踪卡"（追踪卡的详细内容见下文）。在干预结束后的第 1、3、12 个月可分别进行远程回访，并及时记录相应反馈内容。

（三）追踪与回访的内容

心理危机干预工作者在追踪和回访中需要重点注意以下两个方面：首先

要关注被干预者是否仍出现画面闪回情况；其次是了解被干预者这段时间体验到的负性感受（情绪、躯体和认知）有哪些。在回访过程中，也需对被干预者当下的症状及反应给予解释、调适，帮助被干预者进行应对，获得成长。

心理危机干预效果追踪卡

　　为维护您的心理健康，我们将对您做干预效果随访。我们郑重承诺，对您所有的信息严格保密！

基本信息					
干预时间：　　年　　月　　日			用时：　　分钟		
主干预者：			业务助理：		
一、被干预者信息					
姓名：　　　　性别：		年龄：	联系方式：		组别：
工作单位：		职位/岗位：			
二、干预过程及效果追踪					
1. 眼动次数：					
2. 效果追踪：					

	画面清晰度	闯入闪回	躯体 （表现/级别） 如：出汗（7）	情绪 （表现/级别） 如：害怕（7）	认知 （表现/级别） 如：记忆降低（7）
干预前 （基线）	A. 清晰 B. 模糊 C. 消失	A. 频繁 B. 偶尔 C. 没有			
干预后 （结束时）	A. 清晰 B. 模糊 C. 消失	A. 频繁 B. 偶尔 C. 没有			
干预结束 后1个月	A. 清晰 B. 模糊 C. 消失	A. 频繁 B. 偶尔 C. 没有			
干预结束 后3个月	A. 清晰 B. 模糊 C. 消失	A. 频繁 B. 偶尔 C. 没有			
干预结束 后12个月	A. 清晰 B. 模糊 C. 消失	A. 频繁 B. 偶尔 C. 没有			

八、督导与总结

(一) 总结性督导

在心理危机干预工作结束后，整个团队需要在 2 周内接受危机干预总结性督导。之所以要在 2 周内，是基于如下两点考虑：一方面是给团队成员一定的沉淀与反思的时间，对于危机干预工作中遇到的困惑先尝试自己思考与解决，经过梳理后再提出问题；另一方面，避免因时间过长而削弱团队成员接受督导的动力。

督导的内容和形式与现场督导基本一致，但需强调的是总结性督导尤为看重危机干预工作者的体验与思考，使其在获得团队力量的同时，不断获得自我成长。

(二) 最后的总结

伴随着督导的结束，针对一起危机事件的干预就算告一段落。而对危机事件的整体干预情况，包括组建干预团队、构建现场心理动力模型、制订与实施干预方案、干预后的反馈及督导等都需要进行沉淀与总结。

一方面，通过总结记录现场危机干预的点滴，形成完整的干预档案；另一方面，总结也是干预团队工作经历与干预心得的沉淀，是干预团队宝贵的学习资料。此外，如果是面向组织进行的现场危机干预工作，建议在干预结束后递交一份总结报告，从干预者的视角为组织提供提升个体心理能力、预警风险和提升应对风险能力的参考建议。

第八章　职业人群现场心理危机干预技术的计算机化

随着新科技的发展，结合计算机以及互联网的心理辅助工具不断展现出优势。在现场心理危机干预的过程中，无论是技术使用还是组织实施，我们也确实遇到了一些现实问题。基于此，我们通过将现场心理危机干预技术计算机化来满足危机干预工作者在机动应急、快速响应等复杂情境中的使用需求，使技术操作更加标准化、科学化，使骨干培养更加快速有效。

第一节　心理危机干预与新科技的结合

现场心理危机干预实施总会面对各种难题和困境，涉及实施环境、实施规范、技术标准等方面。而学者们以往借助新科技实施心理干预的研究也启发了我们探索现场危机干预技术的计算机化。

一、心理危机干预的困境

危机干预的时间一般是在危机发生后的数小时、数天或是数星期。现场危机干预介入时间较早，干预实施环境较为复杂，给危机干预的效果带来了一系列挑战。

（一）现场环境复杂，资源有限

危机现场往往环境恶劣，尤其是重大突发事件和自然灾害之后，现场资源有限，还往往有继发危险的可能。交通、通讯阻断，不便于引入过于繁重的心理干预设备，网络和电力的中断也限制了部分计算机设备的使用。

（二）机动性强，干预流程不易规范

危机干预技术实施的具体过程受人为因素影响大，导致干预流程不规范、干预效果不稳定，严重时甚至可能造成干预者和被干预者的"二次创伤"。

（三）要求快速见效，迅速恢复"战斗力"

针对职业人群尤其是救援人员的现场危机干预，往往要求立刻见效，帮助被干预者迅速恢复"战斗力"，投入新一轮救援之中。传统的心理危机干预单次耗时长、恢复周期长，难以适应现场危机干预的特定需求。

（四）专业人员缺口大，组织实施缺乏规范化管理

危机干预工作者一般必须是经过专门训练的心理咨询专业人员，在发生重大灾难性事件的时候，经常会面临缺乏专业的心理危机干预人才的问题。此外，心理援助者缺少专业培训、心理救援队伍缺少统一管理，也成为现场危机干预的困境之一。

（五）干预档案管理不规范

传统的危机干预往往以纸质文档进行保存，干预档案中涵盖的内容也大相径庭。档案管理不规范，个案管理的连续性低，档案不易于存储、查阅以及集中分析，给后续数据分析、个案追踪等带来了很大困难。

二、心理干预计算机化的技术探索

现在，已有大量的通过测试的计算机程序，可以用来治疗惊恐发作、不同类型的恐惧症、焦虑、抑郁、强迫症、成瘾行为、PTSD、性功能障碍、饮食障碍、肥胖症、人际关系障碍、妄想等。有研究指出，这些计算机程序颇受患者和当事人的欢迎，而且其治疗效果与面对面的心理治疗的效果也不

相上下（Glantz，Rizzo，& Graap，2003；Riva，2002）。接下来，我们以人机交互与虚拟现实技术为例，来说明心理干预计算机化的探索结果与趋势。

（一）人机交互技术与心理干预

人机交互（human-computer interaction 或 human-machine interaction，简称 HCI 或 HMI），是一门研究系统与用户之间的交互关系的学问。系统可以是各种各样的机器，也可以是计算机化的软件。人机交互界面通常是指用户可见的部分。用户通过人机交互界面与系统交流，并进行操作。

人机交互模式的技术在突发事件心理救援中的应用通常体现为计算机辅助的心理自助服务系统（简称心理自助系统），它是通过提供心理健康知识和建议支持使用者进行心理自我调适的信息系统的统称。心理自助系统是对已有的心理援助体系的支持手段，而非独立的、唯一的心理治疗渠道。现实中，对症状较轻者，它可以作为前期初步咨询或者紧急心理疏导的有力支持工具；对问题较严重的人，它可以配合心理咨询专家的治疗，成为心理干预的辅助工具。

（二）虚拟现实技术与心理干预

虚拟现实整合了即时计算机图形学、身体感觉传感、视觉成像技术等，给当事人提供逼真的、可以沉浸其中并实现交互作用的虚拟环境，可以使得创伤事件变得更容易理解和接受。

有研究者使用虚拟现实暴露疗法治疗越南战争所致 PTSD 患者，发现这些患者的一个共同反应是：他们对直升机的声音有非常强烈的情绪反应。其中，虚拟现实暴露治疗一共分成 14 次，包括搜集信息、让患者了解治疗原理、教会患者呼吸放松方法、患者熟练使用虚拟现实设备、把患者暴露于虚拟的丛林环境和虚拟直升机中等。研究表明，虚拟现实暴露疗法对于治疗越南战争所致 PTSD 非常有效（Rothbaum et al.，1999）。

Wood 等（2007）报告了使用虚拟现实暴露疗法治疗战斗相关 PTSD 的个案研究。研究被试是来自阿富汗和伊拉克战争中患有 PTSD 的美军士兵。研究者使用 PTSD 量表（军队版）、病人健康问卷（PHQ-9）、贝克焦虑量表（BAI）以及心理生理指标作为衡量虚拟现实暴露治疗效果的指标。研究表明，在接受虚拟现实暴露治疗之后，被试在 PTSD 量表、PHQ-9、BAI 等心理指标，皮肤电、心率等生理指标上均有显著性的下降。结果显示，虚拟现实暴露疗法在治疗战斗相关 PTSD 上效果很显著。

以计算机技术为基础进行危机干预工作，干预者必须接受超出计算机大众化使用的技术培训，因为他们必须能够娴熟地处理在计算机互联网使用过程中必然会产生的信息传输及中断的各种技术问题。对他们来说，如何将这种新的技术与传统的心理咨询加以整合，也是非常重要的。结合信息技术的发展，我们可以说，在这些新的动向中，最富有吸引力的是当事人可以体验由计算机对现实环境虚拟而成的各种情境（Glantz，Rizzo，& Graap，2003；Riva，2002）。

三、现场心理危机干预技术计算机化的优势

基于对目前心理工作与新科技结合应用的研究，结合在现场心理危机干预过程中遇到的技术操作和骨干培养方面的问题，我们将心理危机干预的工作思路和技术也进行了计算机化，从而具备具有如下显著优势。

（一）规范干预流程，标准统一

流程标准化后主观因素导致的操作误差减少，人机结合模式提供了规范的工作流程和便捷的操作方法，便于心理危机干预工作者的快速熟悉和应用掌握。以快速眼动脱敏为例，以往现场危机干预因设备限制，往往以移动手指等方式进行，运动速度和运动宽度都难以保障，最终呈现出的效果也参差

不齐。通过将眼动脱敏编写进计算机程序，实现运动速度和运动宽度标准化并可调节，规范了干预的实施过程和实施标准。

（二）缩短干预时间，快速有效

将现代流行、有效、自助性强的心理调适方法与人机模式相结合，可在20分钟内消除危机事件在脑海中留下的负性画面，节省单次操作的人力和时间成本，在有限的时间里极大提高心理危机干预和调适的效率，有利于增加心理干预的覆盖面。

（三）规范组织实施，有的放矢

计算机化之后，危机干预的组织实施流程变得规范、标准，干预者在操作过程中，能有效避免遗漏步骤或混淆顺序等问题的出现。实施过程中，以构建被干预者的现场心理动力模型为前提，以图片-负性情绪打包技术为核心，提升了危机干预的针对性和有效性。

（四）优化档案管理，科学清晰

计算机化有利于高效建档存档以及数据采集，进而有利于后期进行科研改进。利用人机结合模式可以为所有的被干预者建立完整的心理档案。这一档案的建立，既为心理危机干预工作体系快速有效运行提供了必备条件，又为进一步探索改善心理危机干预的方式方法提供了资料支持。

（五）提炼技术路线，便于推广

计算机化有助于提炼危机干预的核心步骤和流程，所设计的系统具有良好的兼容性，易于安装，有利于进行大范围推广和实操。

简而言之，"心理危机干预计算机辅助系统"可以降低人为操作的主观性，建立标准化的干预流程，实现干预技术的程序化，从而提高危机干预的效率，实现档案管理信息化，迅速培养危机干预专业人才。目前该系统的应用形式主要有三种：便于携带的单机版、同时提供干预场所的心理恢复车版和装在心理咨询室或心理干预室的场室版（如图 8-1 所示）。

图 8-1 不同形式的心理危机干预计算机辅助系统

第二节 心理危机干预计算机辅助系统简介

心理危机干预计算机辅助系统，是为心理危机干预工作者提供的辅助性工具，该工具以现场心理动力模型为指导，以图片-负性情绪打包处理技术、图片-负性情绪表达技术为主要干预技术，结合危机事件整体的组织实施和危机事件档案管理，是现场心理危机干预的计算机化成果。

该系统于 2007 年 7 月通过了部级鉴定，得到了国内顶级心理危机干预专家的高度评价，并且取得了国家发明专利，2011 年获得军队科学技术一等奖。这套系统已被运用于"4·28"胶济铁路特别重大交通事故现场救援官兵心理干预、汶川地震心理危机干预、2008 年北京奥运安保一线指挥官心理强化、湖北监利沉船事件心理救援、天津滨海新区爆炸事件心理救援等等，在一系列实践过程中，该系统不断成熟和完善，成为一套快速、简捷、有效的心理危机干预工具。

随着应用的增多，我们也在不断地对危机干预与新科技的结合进行新的探索和尝试，相信未来心理危机干预与人工智能、虚拟现实等先进技术的结合，会让心理危机干预计算机辅助系统变得更加科学、高效、实用。接下来，我们将以心理危机干预计算机辅助系统 3.3 版为例对该系统进行全面介绍。

一、设计理念

该系统以现场心理危机干预的组织实施为导向，为危机干预工作者开展个体干预和团队干预提供标准化的辅助工具。它提供了心理危机干预流程，具有很强的专业性和针对性，方便心理危机干预方案的制订及实施。在操作流程上可以实现多种数据交互，灵活性强，方便数据的管理和查询。

在设计过程中，该系统充分考虑到危机现场的特殊性，深度结合危机干预工作者的工作难点和诉求。其总体的设计理念包括以下几点。

（一）便于携带

危机现场往往环境错综复杂，道路、通信、供电等很有可能中断。为此，充分考虑实施环境，设计出单机版危机干预系统，同时保证良好的兼容性，支持长时间稳定运行。

（二）流程规范

现场心理危机干预往往多为机动、应急型，在组织实施的过程中也难免受影响。为此，通过设计标准化的系统流程，辅助规范危机干预的组织实施流程，保障危机干预效果的稳定性。

（三）易于操作

为方便危机干预工作者快速掌握操作流程，在设计过程中充分考虑界面的友好性、流程的简捷性，缩短产品使用的学习时间。

（四）安全有效

作为心理危机干预的辅助工具，安全有效是整个系统的生命，既要避免因为不当的干预措施导致更大的创伤，也应确保所采取的措施科学有效。为此，在已经经过验证、效果显著的干预技术的研发基础上开发出计算机化的辅助系统，保障危机干预技术的安全有效。

（五）管理科学

个案管理和数据管理也是危机干预的重要环节。为此，充分考虑对危机事件以及干预对象的信息记录和管理等功能需求，设计完善的数据导入导出和备份还原功能，辅助危机干预工作者在完成工作后将数据汇总归纳并进行深入分析。

二、设计目标

心理危机干预计算机辅助系统主要用于危机事件后受影响人员的心理危机干预。该系统提供了标准的心理危机干预工作流程、专业的心理技术和操作步骤，并利用生理采集设备监测干预对象的生理指标，从而帮助心理危机干预工作者对危机事件中的受影响人员进行即时、专业的心理调适。该系统为危机干预工作者提供了除软件外相应的配套设备，满足了危机干预工作者在机动应急、快速响应等复杂环境中的使用需求。

该系统旨在为危机干预工作者提供心理干预工具，从而帮助被干预者学会运用多种方法缓解心理和生理的压力，降低灾难事故带来的严重负面影响，预防心理问题的发生，提高心理健康水平。

三、功能模块的设计与实现

心理危机干预计算机辅助系统共包含数据管理模块、资源管理模块、干预流程模块和干预实施模块等 4 个主要模块，Flash 模块和生理数据采集模块等 2 个优化模块。另外，干预实施模块还包含眼动调适子模块、听觉调适子模块和画面涂抹子模块等 3 个子模块（见图 8-2）。

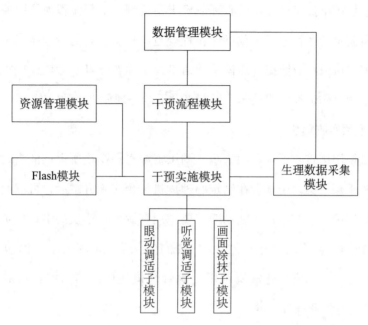

图 8-2 心理危机干预计算机辅助系统模块图

（一）主要模块

1. 数据管理模块

该模块用于对被干预者的信息进行记录及管理，以便干预者进行信息查询。它可以对数据进行记录和统计，包括对事件的管理、对危机干预者的管理、对被干预者的管理、对方案和分组的管理等。危机干预者可根据被干预者的不同受害程度制订人性化的分配方案、科学地分配小组等等。

2. 资源管理模块

该模块用于提供心理危机干预过程中所用到的素材。它主要负责对系统内包含的各种图片、视频、音乐等进行管理，方便危机干预者随时调取资源进行使用。

3. 干预流程模块

该模块用于提供可操作的心理危机干预流程。干预流程模块中保存了心理专家所制定的各种危机干预操作流程规范，具有较高的专业技术水平。干预流程模块可以接收数据管理模块的信息，干预者可以参考该模块提供的心理危机干预操作流程，为被干预者制订合适的心理危机干预方案。

4. 干预实施模块

该模块用于接收干预者的指示，调用资源管理模块所提供的素材，实施心理危机干预方案。干预者在制定心理危机干预实施方案后，可以通过干预实施模块实施干预方案；实施期间需要调用资源管理模块的多媒体资源。为了提高操作的灵活性，并有效地美化操作界面，该系统还可以包括一个Flash模块，当干预实施模块调用资源管理模块中的素材时，还需要调用Flash模块的数据进行展示。

（二）优化模块

1. Flash 模块

该模块用于干预实施模块调用资源管理模块所提供的素材时，以 Flash方式进行展现。

2. 生理数据采集模块

该模块用于采集被干预者的生理状态参数，以便干预者了解被干预者的生理状况，为心理危机干预方案的实施效果提供参考。

（三）子模块

干预实施模块包括 3 个子模块。

1. 眼动调适子模块

该子模块用于播放以参照物的运动为主画面的动画，以辅助被干预者进行眼动脱敏，其中参照物的运动速度及距离可调节。

2. 听觉调适子模块

该子模块用于播放音乐，其中，左右耳声音的间隔时间及音量可调节。

3. 画面涂抹子模块

该子模块用于显示被干预者选择的图片或视频，接收到涂抹指示后，将图片或视频涂抹掉。

四、主要功能

心理危机干预计算机辅助系统是供危机干预者在危机现场使用的工具，包含单机版和网络版两种实现形式。该系统提供了标准的心理危机干预工作流程、专业的心理技术和操作步骤，从而帮助心理危机干预专业人员即时对危机事件中的受影响人员进行专业的心理调适。该系统为危机干预者所参与的每一个危机事件以及该事件中每一位被干预者建立系统的管理档案和心理档案，利用生理数据采集设备接收调适被干预者的生理指标。其主要功能有以下几点。

（1）为危机干预工作者提供专业的心理危机干预工作流程，帮助他们在危机事件发生后的紧急情况下快速高效地投入工作。

（2）为危机干预工作者提供科学的心理危机干预专业技术及操作流程，帮助面临特殊危机情境的受害者进行心理调适，快速恢复其心理健康水平，预防未来 PTSD 或其他心理疾病的发生。

（3）为危机干预工作者所参与的每一个危机事件以及每一位被干预者建立系统的心理危机干预档案，既有助于危机干预者提高实践水平、积累经验，也有利于提高心理危机干预工作的科学性。

（4）为危机干预工作者提供本系统以及心理危机干预理论方面的学习材料，有助于快速培养专业心理危机干预骨干。

五、具体应用

心理危机干预计算机辅助系统可供危机干预者修改已记录的有关危机事件的信息，添加该事件下所有被干预者的基本信息。根据被干预者受该危机事件影响的时间和详细情况，可对他们进行分级、危机分期，并进行高危人群的排查诊断，最后有针对性地制订干预方案并快速有效地实施干预，尽快缓解危机事件对他们造成的不良心理影响（见图8-3）。

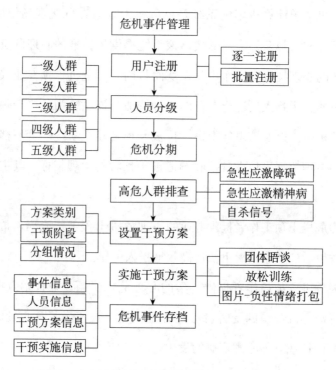

图8-3 心理危机干预计算机辅助系统的具体应用

（一）危机事件管理

1. 新建危机事件

其主要功能是记录被干预者经历的危机事件，包括事件发生的时间、地点、详细情况，以及事件特点分析、事件类型以及该事件下被干预者的分级标准。

2. 危机事件内容

危机事件内容中包括危机事件列表和查询条件。

（二）用户注册

其主要功能是将被干预者的姓名、性别以及备注信息逐一或者批量注册导入心理危机干预计算机辅助系统。

1. 逐一注册

填写被干预者的"姓名""性别""身份证"和"备注"，即可完成注册。

2. 批量注册

可以通过系统提供的模板，批量添加本事件中的被干预者。

（三）人员分级

其主要功能是详细记录被干预者遇到的刺激源、刺激强度及相应的心理状态，以便干预者对其受创伤程度进行详细的评估、分级。

1. 受影响时间

选择被干预者，点击"受影响时间"可以查询其受该事件影响的具体时间。

2. 受影响过程

描述被干预者在整个危机事件当中受影响的全部过程。

3. 具体分级

依据被干预者描述的受影响过程，依照本事件的分级标准，对其进行分级。

（四）危机分期

依据被干预者受危机事件影响的时间与预期干预时间，可以计算出其处于危机的哪个阶段，据此制订干预的方式方法。

（五）高危人群排查

系统提供"急性应激障碍""急性应激精神病"的诊断标准和"自杀信号"，可供危机干预者进行高危人群的排查，以便进行即时的处理和转诊。

（六）设置干预方案

干预者需要根据被干预者的类型、人数等设置危机干预方案，为此，该系统提供了可操作的工作流程。鉴于危机干预是需要分批、分次来完成的，所以干预方案也是分阶段、分组来设置的。并且，每实施完一次干预，都要进行评估，内容包括情绪方面、行为反应和生理改变三部分。系统分别列出了几种相应的症状，如果没有被干预者所符合的症状描述，即完成此次干预；如果存在相关症状，继续进行干预。

（七）实施干预方案

按照干预方案的内容，实施危机干预。

1. 团体晤谈

团体晤谈包括"晤谈内容"和"晤谈记录"两部分，可根据晤谈的进行情况和被干预者的表现添加内容。

2. 放松训练

这部分主要提供了呼吸放松、肌肉放松和感受呼吸温差放松三种放松法。

3. 图片-负性情绪打包

本系统的一个核心功能就是可以辅助完成图片-负性情绪打包任务，其中整合了图片-负性情绪联结、功能分析/图片分离、画面与负性情绪打包、快速眼动、温暖画面和正性理念植入五个核心步骤。

为了辅助实施上述图片-负性情绪打包技术，本系统通过资源管理模块提供了大量的素材（包括图片、视频、音乐等）。具体操作如下：

根据被干预者对危机事件的回忆，将其感受和对事件的描述填写在"事件描述"的空白处。如果被干预者回忆起来有困难，可以点击"素材库"，让其观看与危机事件有关的图片或视频，来诱发回忆。填写完之后，点击"确定"进入调适界面，其中包括"情绪""认知"和"躯体"三方面。根据被干预者的回答和干预者的观察选择这三方面中最迫切需要解决的一个，点击开始调适。

（八）危机事件存档

这部分包括事件信息、人员信息、干预方案信息和干预实施信息。具体功能如下：

（1）对危机事件及被干预者信息进行记录及管理，以便干预者进行信息查询。

（2）提供心理危机干预过程中所用到的素材。

（3）提供可操作的心理危机干预方案流程，以便干预者在数据管理模块中的内容的基础上指定心理危机干预方案。

（4）接收干预者的指示，调用资源管理模块中的素材，实施心理危机干预方案。

六、功能展示

心理危机干预计算机辅助系统具体分为五个部分：个人干预、群体干预、档案管理、素材库、教学指导。以下对每一部分做简要介绍。

（一）个人干预

这部分主要用于实现个人干预对象注册和实施个体干预时的过程辅助。干预对象注册是指危机干预者将被干预者的姓名、性别、出生日期、事件影响、心理状态评估等相关信息录入辅助系统。实施干预是指危机干预者运用"图片-负性情绪打包处理技术"对干预对象进行干预。

（二）群体干预

这部分主要用于针对危机事件中的群体受害人员，有组织地进行心理危机干预工作，其包含心理危机干预的全部流程。

（三）素材库

这部分主要用于危机干预者查看、添加群体干预中各危机事件的相关素材，并提供突发公共危机事件、突发个体危机事件素材作为样例。

（四）档案管理

这部分主要用于快速保存、查看、导出个人干预档案和群体干预档案。

（五）教学指导

这部分主要提供本系统和心理危机干预理论方面的学习材料，包括理论指导手册、干预方法介绍、案例学习等。

七、技术特点

心理危机干预计算机辅助系统以个人为线索、以事件为依据对受危机事件影响的个体进行管理，包括事件管理、人员管理，并对受影响严重人员进行危机干预。该系统具备如下技术特点：

（1）采用 WPF 开发平台，系统兼容性良好，能保证长时间稳定运行。

（2）采用 Flash 动画形式，具有良好的用户体验。

（3）安装简易，适合快速部署。

（4）操作人性化，界面友好。

八、未来展望

心理危机干预计算机辅助系统已经被广泛应用于各类重大危机事件发生后的心理干预中，并取得了显著的效果。面对信息技术的高速发展和危机干预技术的不断突破，心理危机干预计算机辅助系统的科技感、实用性依然是我们不断要挑战的方向。

（一）虚拟现实技术的应用

探索在温暖正性画面植入的过程中，引入虚拟现实技术，让被干预者产生"身临其境"的沉浸感。

（二）素材库的更新和扩充

在现有素材的基础上，从素材主题和内容两个方面扩充，进一步丰富素材库资源。

（三）技术流程的更新和优化

第一代心理危机干预计算机辅助系统诞生于 2009 年，距今已有 10 余年的应用历程，其间已经完成了 6 次重大更迭。未来将继续以实践和研究为基础，不断更新危机干预组织实施的技术路线，优化系统功能。

（四）符合危机现场情景的干预方法的引入

心理学正迎来百花齐放、百家争鸣的学术繁荣状态，走在实践应用一线的心理危机干预技术也必将推陈出新。我们也希望将更多元的满足简捷、快速、有效要求的现场危机干预方法和技术引入该系统，从而更好地服务于专业工作者。

第三节　关于"心理危机干预计算机辅助系统"的实验研究

将心理危机干预的方法及整体组织实施流程计算机化，一方面可将我们研发的针对职业人群的现场危机干预核心方法、系统化流程进行标准化，用产品化的思维推进心理危机干预的发展，另一方面也可在重大、紧急的心理援助任务中助力危机干预工作者的高效工作。其中，后者是我们更为看重的。基于此，我们设计了两个实验：实验一将借助心理危机干预计算机辅助系统开展危机干预工作的效果与单纯依靠危机干预工作者进行危机干预工作的效果进行了对比，以验证该系统的有效性；实验二通过更大规模的样本，探索借助该系统开展工作的最佳时期。

实验一：系统有效性的准实验研究

通过查阅以往文献，并经过预实验、正式实验最终确定心率、反应时、主观评定三个指标，通过三个指标调适前后的变化情况衡量干预方式的有效性。研究中以某军事院校的学员为被试，并通过与多次参与重大危机事件救援的武警官兵的访谈，确定创伤实验情景种类。

一、被试

随机抽取某军事学院的学员 50 名，年龄为 18～25 岁，全部为男性。经过艾森克人格问卷（EPQ）初测，剔除在掩饰性、精神质、神经质维度上得分高于常模的个体及身体健康方面有症状的个体。最终确定的实验对象为 36 名，他们均身体健康，无心脏病、高血压、癫痫，无过敏史，不晕血，无精神疾病，无创伤经历。被试在实验前被告知实验内容，并签署知情同意书。

二、实验工具

（一）实验场地

符合心理咨询要求的独立房间 3 个；杀猪场地一块。

（二）测量工具

艾森克人格问卷、心率监控仪、反应速度测验程序、急性心理应激反应自评表。

（三）干预设备

心理危机干预计算机辅助系统 3 套。

（四）实验材料

一段可引起恐惧、恶心等反应的屠杀视频；猪 5 头；摄像机 1 台。

（五）创设的刺激情景

刺激 A：观看引起恐惧、恶心等心理和生理反应的 5～10 分钟屠杀战俘视频。

刺激 B：观看现场炸猪并清理血肉横飞的爆炸现场。

刺激 C：用工具亲自动手杀猪。

（六）伦理学方面的说明

实验人员与被试签订了知情同意书，保证实验结束后，控制组的被试得到专业的调适和恢复，对所有参与实验的被试进行跟踪和随访。

三、实验过程

实验设计中，将主动为被试制造产生强反应的刺激，并对被试采用不同的干预手段，帮助其进行心理调适。完整实验过程如下所述。

（一）基线数据收集

通过心率监控仪及自主研发的反应速度测验程序，对 36 名被试进行了初测，获得被试的基线数据。

（二）实验分组

在实验分组中，兼顾被试的家庭背景即城市/农村、独生子/多子女家庭等人口学指标，将被试分成三组，确保每组都有一定比例的被试来自城市或农村、属于独生子女或多子女家庭。

一组为控制组，在接受实验创造的刺激情景后，不进行专业性的主动处理，并在实验用的房间内休息 40 分钟到 1 小时，但会在 24 小时后逐一进行咨询式访谈，确保刺激产生影响得到消除。

一组为工具组，接受实验创造的刺激情景后，由军事院校的心理教育训练骨干参加培训顺利结业后，借助"心理危机干预计算机辅助系统"进行干预。

一组为咨询师组，按受实验创造的刺激情景后，由正在部队承担心理咨询工作、通过原国家心理咨询师二级考试，并有创伤咨询经验的咨询师进行干预。

具体分组情况见表 8-1。

表 8-1　　　　　　　　　被试分组情况列表

组别	干预手段	被试人数
控制组	无主动干预	12
工具组	接受心理教育训练骨干及"心理危机干预计算机辅助系统"的干预	12
咨询师组	接受咨询师干预	12

（三）实验刺激

考虑到给被试造成刺激的感官通道不同以及个体对刺激的心理耐受度等方面的差异，在制造刺激时，采用了以下三种手段。

手段一：集中在视觉刺激，播放海外监狱屠杀战俘的画面。

手段二：集中在触觉刺激，观看炸猪并清理爆炸现场残肢断臂。

手段三：全感官通道，用工具完成活猪的屠宰。

在每一组中，要求 5 名被试观看刺激画面，4 名被试收集现场残肢断臂，3 名被试亲自动手杀猪。

（四）心理干预

应激数据收集完成后立刻进行心理干预，时间为 40 分钟到 1 小时。

控制组：在实验用的房间内休息 40 分钟到 1 小时。

工具组：军事院校的心理教育训练骨干参加完培训并顺利结业后，使用"心理危机干预计算机辅助系统"进行干预。

咨询师组：由正在部队承担心理咨询工作、通过原国家心理咨询师二级考试，并有创伤咨询经验的咨询师进行干预。

（五）数据收集

这一些刺激通常会引发个体较为明显的认知、躯体、行为、情绪等方面的反应，比如心率加快，注意力难以集中，反应速度变慢，恶心、呕吐及恐惧、焦虑等。故在实验过程中，采用心率监控仪收集被试的心率，通过编制的实验程序测试被试的反应速度，自编问卷评估刺激后出现的应激反应。

在实验过程中，多次收集被试的各项指标，具体如表 8-2 所示。

表 8-2　　　　　　　　　各刺激类型数据点列表

	控制组	工具组	咨询师组
基线	基线	基线	基线
第一次接受刺激	接受刺激	接受刺激	接受刺激
第一次数据收集 （接受刺激后 1 小时内）	数据收集	数据收集	数据收集
心理干预	自主恢复	系统干预	咨询师干预
第二次数据收集 （接受干预后 1 小时内）	数据收集	数据收集	数据收集
第三次数据收集 （接受刺激后 24~36 小时）	数据收集	数据收集	数据收集

四、结果分析

（一）被试群体同质性分析

将三组被试（控制组、工具组、咨询师组）基线值进行单变量方差分析，结果见表 8-3。

表 8 - 3　　　　　　　　基线值的差异检验 (M±SD)

基线值	控制组 n=12	工具组 n=12	咨询师组 n=12	F	p
心率（次/分钟）	65.08±5.20	62.33±4.54	66.33±5.04	2.104	0.138
反应时（ms）	309.08±40.51	292.75±41.44	294.75±52.46	0.468	0.631

组间差异检验显示，各指标在三组被试中无显著差异，表明三组被试的生理基线值无差别，来源于同一总体。

（二）工具组与咨询师组干预有效性分析

对不同被试采取了不同的设置，为印证干预效果，对比了第一次收集的数据和第三次收集的数据。

1. 工具组干预有效性分析

采用配对 t 检验方法，通过心率、反应时、应激反应得分三个指标检验对工具组的干预有效性。结果如表 8 - 4 所示。

表 8 - 4　　　　　　　工具组各指标变化情况 (M±SD)

反应时（ms）			心率（次/分钟）			应激反应得分		
第一次	第三次	t	第一次	第三次	t	第一次	第三次	t
322.17± 49.85	291.75± 23.21	2.82*	70.83± 11.78	62.08± 7.81	2.82*	43.48± 14.22	31.57± 7.91	3.44*

＊$p<0.05$.

t 检验显示，工具组在反应时、心率、应激反应得分三个指标上有显著的干预效果，表明借助心理危机干预计算机辅助系统能有效缓解被试的应激反应，心率、反应时、应激反应得分都有显著降低。

2. 咨询师组干预有效性分析

采用配对 t 检验方法，通过心率、反应时、应激反应得分三个指标检验对咨询师组的干预有效性。结果如表 8 - 5 所示。

表 8 - 5　　　　　　　咨询师组各指标变化情况 (M±SD)

反应时（ms）			心率（次/分钟）			应激反应得分		
第一次	第三次	t	第一次	第三次	t	第一次	第三次	t
290.08± 30.24	288.73± 24.62	0.216	68.67± 9.81	64.58± 6.69	1.45	42.42± 14.11	33.25± 8.47	2.37*

＊$p<0.05$.

t 检验显示，经过咨询师的一般干预处理，该组被试仅在应激反应得分上比干预前有显著下降，表明经过咨询师的一般化处理，被试主观报告的心理应激反应有所缓解。

（三）三个组在不同时段的差异分析

实验过程中，在接受刺激后 1 小时内、接受干预后 1 小时内、接受刺激后 24～36 小时这三个时间段采集了被试的心率、反应时及应激反应得分三个指标。由于心率指标在各个时段上差异不显著，接下来只呈现反应时、应激反应得分在各个时段上的差异。

1. 三个时段的反应时变化情况

在实验过程中，各组的反应时变化如表 8-6 所示。对于第一次数据（接受刺激后 1 小时内）、第二次数据（接受干预后 1 小时内），三组之间均无显著差异。对于第三次数据（接受刺激后 24～36 小时），三组差异接近显著水平。LSD 事后检验发现，工具组与控制组差异显著；工具组与咨询师组差异显著，而咨询师组与控制组之间无显著差异（如图 8-4 所示）。

表 8-6　　　　　　　　各组反应时（ms）变化情况（$M \pm SD$）

	人数	第一次	第二次	第三次
控制组	12	312.25±42.17	315.92±42.76	313.17±35.19
工具组	12	322.17±49.85	312.50±31.59	291.75±23.21
咨询师组	12	290.08±30.24	288.33±21.83	288.73±24.62
第一次组间差异		$F=0.759$ $p=0.638$		
第二次组间差异			$F=0.858$ $p=0.433$	
第三次组间差异				$F=3.227$ $p=0.053$

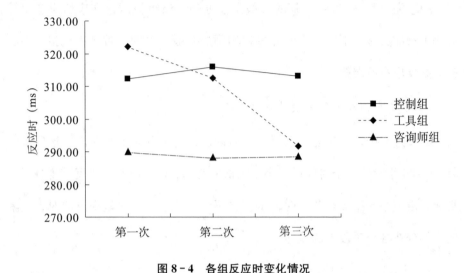

图 8-4　各组反应时变化情况

2. 不同时段应激反应得分变化情况

分别统计了三个组在应激反应总分及情绪、躯体、预期、行为四个维度上得分的变化情况，结果如表 8-7 所示。

分析发现，对于接受刺激后 1 小时内收集的数据，三组间无显著差异，表明刺激引发的各组被试的主观感受一样。

第二次数据收集是在接受干预后 1 小时内，单因素方差分析显示组间差异显著。LSD 事后检验表明工具组和咨询师组在应激反应总分及情绪、预期两个维度上的得分显著小于控制组，而工具组与咨询师组之间无显著差异。说明工具组和咨询师组采用的干预方法，显著地改变了被试的负面情绪、期望等，军事院校的心理教育训练骨干借助心理危机干预计算机辅助系统，可以达到有创伤咨询经验咨询师的干预效果。

第三次数据收集是在接受刺激后 24～36 小时，方差分析显示，三组间差异不显著。

图 8-5 至图 8-9 直观呈现了三个组在各指标上的变化情况。

表 8 - 7　各组应激反应总分及各维度得分干预前后变化情况（$M \pm SD$）

		总分	情绪	躯体	预期	行为
控制组	第一次	43.42±16.22	16.92±5.76	8.67±4.36	10.17±4.30	7.67±3.52
	第二次	41.83±15.93	16.75±5.83	8.17±4.28	9.83±3.5	7.08±3.18
	第三次	38.08±14.18	14.67±6.30	8.03±2.91	8.58±3.78	6.75±3.05
工具组	第一次	43.48±14.22	16.01±5.26	8.34±3.19	10.30±4.19	8.83±2.23
	第二次	34.94±9.87	12.28±4.12	7.89±2.31	8.18±4.78	6.71±2.22
	第三次	31.57±7.91	11.13±4.46	7.77±2.45	7.53±3.16	5.02±1.42
咨询师组	第一次	42.42±14.11	16.33±4.83	9.25±3.91	9.33±4.29	7.50±2.88
	第二次	36.83±10.89	13.75±4.18	8.42±3.65	8.33±3.03	6.33±2.35
	第三次	33.25±8.47	12.33±4.42	7.58±2.47	7.92±2.19	5.42±1.38
第一次	F	3.89	2.47	2.39	3.45	0.82
组间差异	p	0.29	0.35	0.46	0.21	0.51
	具体差异					
第二次	F	6.84	7.36	2.62	5.38	0.72
组间差异	p	0.003	0.002	0.088	0.010	4.96
	具体差异	工具组<控制组 咨询师组<控制组	工具组<控制组 咨询师组<控制组		工具组<控制组 咨询师组<控制组	
第三次	F	2.08	2.13	1.93	1.34	0.77
组间差异	p	0.141	0.135	0.162	0.276	0.471

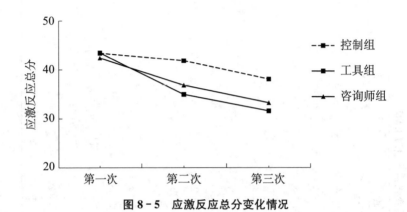

图 8 - 5 应激反应总分变化情况

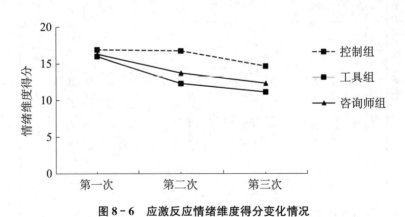

图 8 - 6 应激反应情绪维度得分变化情况

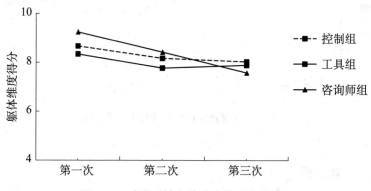

图 8-7　应激反应躯体维度得分变化情况

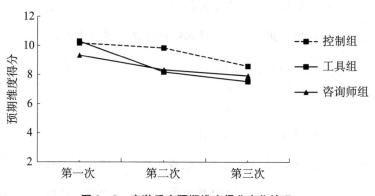

图 8-8　应激反应预期维度得分变化情况

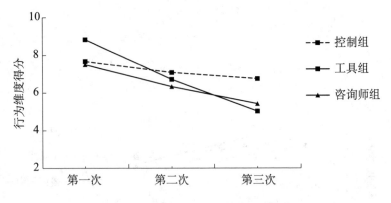

图 8-9 应激反应行为维度得分变化情况

五、个案分析

（一）基本资料

姓名：王某。

性别：男。

年龄：23 岁。

实验条件：A 级刺激——看恐怖视频。

干预手段：借助心理危机干预计算机辅助系统进行干预。

（二）实验中的各项指标变化

1. 反应时

王某反应时的结果如图 8-10 所示。

由图中可以看出，反应时的变化趋势明显。具体分析发现，接受刺激后 1 小时内的反应时（第一次）高出基线值 131ms，说明个体的认知操作功能受到较大程度的损伤。但经过干预，其反应时数值大幅降低，从 448ms（第一次）降至 319ms（第三次），意味着个体的认知操作功能已基本恢复到正常

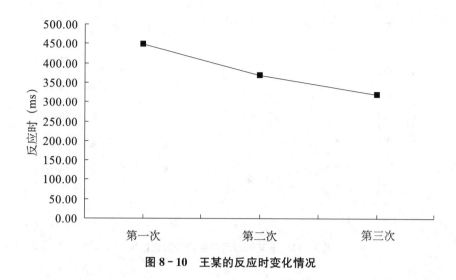

图 8 - 10　王某的反应时变化情况

状态。可见，借助心理危机干预计算机辅助系统进行干预的效果是明显的。

2. 应激反应得分

王某的应激反应得分结果如表 8-8 和图 8-11 所示。

表 8 - 8　　　　　　　　　　王某的应激反应得分变化情况

	总分	情绪	躯体	预期	行为
第一次	70	28	17	17	8
第二次	52	20	10	12	10
第三次	63	25	14	15	9

可以发现，应激反应得分的变化同样十分明显，接受刺激后 1 小时内（第一次）的总分显示王某主观上产生了非常剧烈的应激反应，在情绪、躯体、预期几个维度上可以明显看出其具体感受。经过干预后（第二次），有较为明显的改善，总分以及各维度的分数纷纷回落，说明王某主观感觉不适的程度有所减轻。第三次的分数有反弹，但依然低于接受刺激后 1 小时内（第一次）的分值。从这组数据可以看到工具的有效性，但也提示我们深入思考危机干预效果的影响因素中干预时间段及干预次数的重要作用。

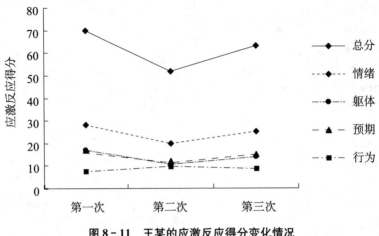

图 8 - 11　王某的应激反应得分变化情况

（三）咨询师咨询记录

咨询师姓名：赵老师。

时间：19：00—20：00。

见到来访者后，感觉他是一个很随和的小伙子。刚开始他把我当老师，还有点不好意思。我向他说明我不是老师，只是怕那些视频对他造成不好的影响，所以来帮他调适一下。然后又聊了一些他学校的情况，他很快就放松下来，也不把我当外人了，而且十分健谈，很热情地向我介绍学校情况。我感觉有跑题的危险，于是及时回到主题，先大概问了一下他的感受，他觉得没什么特别难受的，只是稍微有点紧张。我特意观察了一下他的各种反应，结合之前 EPQ 的结果，认为他说的是实话，于是开始进行刺激反应的整体分析。

收集完信息之后，我感觉来访者的认知很正确，虽然存在一定的情绪反应（以愤怒为主）和身体反应："人的生命很渺小，眨眼间就死了。如果是军人在战场上对阵敌人（也是军人）的话，就会拼个你死我活。但如果是手无寸铁的老百姓，就不应该这样。比如侵华日军的大屠杀，就不是人干的！人不犯我我不犯人，人若犯我，拼了命也要干。"于是，我决定先对他进行情绪调节。眼动后，来访者情绪恢复效果较好，而且与他的交流过程中也明显感到他很放松。随后又进行了身体反应调节，效果也比较理想。

咨询结束时我问了一下他的感受，他说："什么感觉也没有，我都有点忘了当时视频的内容了。"总体而言，这一次的干预比较成功。

次日晚 7：00 回访的时候问到前一天的情况，来访者说回去之后就再也没有想过视频的事情，也没有不好的感觉，吃饭睡觉都正常。

六、结论

通过对控制组、工具组、咨询师组被试的基线值进行方差分析，可以看出三组被试是同质的，表明三组被试来源于同一个样本群体。

分别对工具组和咨询师组接受刺激后 1 小时（第一次）和 24～36 小时（第三次）的心率、反应时、应激反应总分进行组内检验，可以看出工具组的心理干预有效性显著，被试的心理和生理反应得到了明显的改善；而咨询师组只在应激反应总分上有显著差异，表明无创伤调适经验的咨询师可能只改变了被试的主观感受，没有改变更为客观的指标——心率和反应时。

通过对心率、反应时、应激反应总分及各维度得分的变化情况进行组间差异分析，可以看出三组被试的心率变化无显著差异，表明心率指标的稳定性指向有待进一步研究。反应时方面，接受刺激后 24～36 小时的后测数据（第三次）三组差异显著，工具组显著高于咨询师组和控制组；应激反应及情绪、预期维度在接受干预后 1 小时内的评估数据（第二次）三组差异显著，其中工具组和咨询师组显著低于控制组。综合分析可以看出：

其一，工具组和咨询师组的干预效果基本一致。军事院校的心理教育训练骨干借助心理危机干预计算机辅助系统，可以达到有创伤咨询经验咨询师的干预效果。在遇到危机干预事件时，经过培训的心理骨干借助心理危机干预计算机辅助系统，同样可以处理危机事件，大大提升了心理骨干的信心。

其二，反应时和应激反应方面表现出了不同的变化趋势。干预结束后 1 小时内，反应时上三组之间无差异，但 24 小时后差异显著。而应激反应及其情绪和期望维度得分在干预后与刺激后的差值间有差异，而 24 小时之后无差异。这一结果表明，干预可以迅速改变被试的主观感受，而对心理状态深层指标反应时不会立即产生影响，表现出一定的延迟性。

总之，心理危机干预技术结合计算机辅助系统对受创心理的干预效果明显。

实验二：处理创伤性画面的最佳干预时间探索性研究

在证明了心理危机干预计算机辅助系统的效果基础上，为了进一步明确该系统对应激反应在哪个时间段干预效果最佳，设计并实施了实验二。

一、被试

随机抽取某军事院校的学生 200 名，男性，年龄为 18～25 岁。所有被试身体健康，无心脏病、高血压、癫痫，无过敏史，不晕血，并排除有精神疾病或曾经历过创伤性场景的人员。采用 EPQ 进行筛选，选取其中各维度上均为同质的 120 人作为最终的被试。被试在实验前被告知实验内容，并签署知情同意书。

根据家庭背景即城市/农村、独生子/多子女家庭等人口学指标将被试分为 4 组，具体分组情况见表 8-9。

表 8 - 9　　　　　　　　　　　**被试分组情况列表**

组别	刺激	干预方式	被试人数
控制组	观看一段可引起恐惧、恶心等反应的屠杀视频	接受刺激后休息，自然恢复（但在实验结束之后，进行调适，并且进行随访和追踪）	30
实验组1	同上	接受刺激后4小时内采用心理危机干预计算机辅助系统进行干预	30
实验组2	同上	接受刺激后12～24小时采用心理危机干预计算机辅助系统进行干预	30
实验组3	同上	接受刺激后24～36小时采用心理危机干预计算机辅助系统进行干预	30

二、实验工具

（一）实验场地

符合心理咨询要求的独立房间6个以上，每个房间内有电脑一台，要求装有心理危机干预计算机辅助系统。

（二）测量工具

艾森克人格问卷、心率监控仪、反应速度测验程序、急性心理应激反应自评表。

（三）心理干预

由心理教育训练骨干使用心理危机干预计算辅助系统进行干预。

（四）实验材料

一段可引起恐惧、恶心等反应的屠杀视频。

（五）伦理学方面的说明

实验人员与被试签订知情同意书，保证实验结束后，控制组的被试得到专业的干预和恢复，所有参与实验的被试将得到跟踪和随访。

三、实验步骤

（一）基线数据收集、分组

首先对招募的 200 名被试的基线数据进行收集，包括心率、反应时、EPQ 得分。

根据各项指标对被试进行分组，分组完成后开始正式实验。

（二）第一次接受刺激

被试观看可引起恐惧、恶心等心理和生理反应的屠杀视频。

（三）第一次数据收集

观看完毕之后立即进行第一次数据收集，包括反应时、应激反应得分。

（四）对实验组 1 进行干预

第一次数据收集完成后对实验组 1 进行干预，时间为 40 分钟至 1 小时。

（五）第二次数据收集

实验组 1 干预结束后分别对各组再次进行数据收集，内容同"第一次数据收集"部分。

（六）对实验组 2 进行干预

接受刺激后 12～24 小时对实验组 2 进行干预。

（七）第三次数据收集

实验组 2 干预结束后分别对各组再次进行数据收集，内容同"第一次数据收集"部分。

（八）对实验 3 组进行干预

接受刺激后 24～36 小时对实验组 3 进行干预。

（九）第四次数据采集

实验组 3 干预结束后分别对各组再次进行数据收集，内容同"第一次数据收集"部分。

（十）对控制组进行干预

实验结束之后，基于人道主义原则，统一对控制组被试进行干预。

具体实验过程也可见表 8－10。

表 8－10　　　　　　　　　　　　实验过程的数据点

	实验组 1	实验组 2	实验组 3	控制组
基线	基线	基线	基线	基线
刺激	看视频	看视频	看视频	看视频
第一次数据收集	数据收集	数据收集	数据收集	数据收集
4 小时内	干预	休息	休息	休息
第二次数据收集	数据收集	数据收集	数据收集	数据收集
12～24 小时	休息	干预	休息	休息
第三次数据收集	数据收集	数据收集	数据收集	数据收集
24～36 小时	休息	休息	干预	休息
第四次数据收集	数据收集	数据收集	数据收集	数据收集

四、结果分析

（一）基线值的组间差异检验

对四组被试的反应时进行单变量方差分析，结果见表 8－11。可以发现，组间差异没有达到显著水平，表明四组被试的基线值没有差别，来源于同一总体。

表 8－11　　　　　　　　四组被试基线值的差异检验情况 （$M \pm SD$）

	实验组 1 $n=30$	实验组 2 $n=30$	实验组 3 $n=30$	控制组 $n=30$	F	p
反应时（ms）	307.82±43.21	299.45±45.64	309.43±35.47	294.75±52.46	0.455	0.431

（二）反应时、应激反应得分的组间差异检验

1. 反应时变化情况

四组被试的反应时变化情况如表8-12和图8-12所示。

表8-12　　　　　四组被试的反应时（ms）变化情况（$M \pm SD$）

	人数	第一次	第二次	第三次	第四次
实验组1	30	318.35±43.45	312.52±43.67	308.91±35.20	307.90±34.20
实验组2	30	321.16±39.25	319.85±32.60	306.75±25.21	300.56±27.21
实验组3	30	319.16±47.15	318.36±45.18	317.26±42.80	312.26±37.20
控制组	30	318.08±30.54	318.03±25.93	317.73±24.62	315.46±46.12
第一次组间差异		$F=3.173$ $p=0.331$			
第二次组间差异			$F=8.245$ $p=0.145$		
第三次组间差异				$F=2.267$ $p=0.023$	
第四次组间差异					$F=2.422$ $p=0.031$

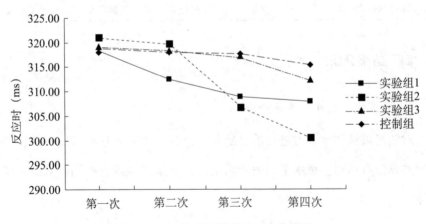

图8-12　四组被试的反应时变化情况

可以发现，第一次（接受刺激后立即收集）和第二次（接受刺激并进行干预后4小时内）反应时，四组被试的差异均没有达到显著水平。第三次（12~24小时），四组被试的差异达到显著水平；LSD事后检验发现，实验组2显著低于实验组1，实验组1低于实验组3和控制组，实验组3和控制组

无差异。第四次（24～36 小时），四组被试的差异达到显著水平；LSD 事后
检验发现，实验组 2 显著低于实验组 1、实验组 3 和控制组，实验组 1 和实验
组 3 之间无差异，但均显著低于控制组。

2. 应激反应得分变化情况

主观评定的各组被试的应激反应得分变化情况如表 8 - 13 和图 8 - 13
所示。

表 8 - 13　　　　　　　　　　应激反应得分变化情况　（$M \pm SD$）

	人数	第一次	第二次	第三次	第四次
实验组 1	30	44.32±17.22	30.62±15.22	25.92±16.82	23.73±19.62
实验组 2	30	42.53±15.93	39.26±14.73	30.73±14.63	20.53±14.98
实验组 3	30	44.43±12.63	41.34±11.85	39.78±15.83	24.59±10.53
控制组	30	43.52±16.72	40.45±16.78	35.58±17.82	30.92±17.72
第一次组间差异	$F=4.382$ $p=0.249$				
第二次组间差异		$F=1.858$ $p=0.049$			
第三次组间差异			$F=3.197$ $p=0.041$		
第四次组间差异				$F=5.246$ $p=0.053$	

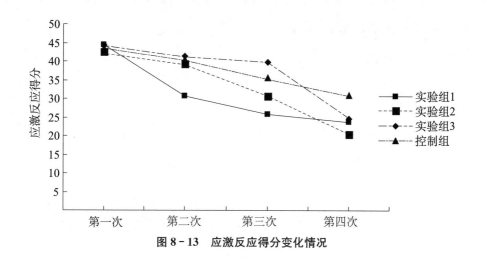

图 8 - 13　应激反应得分变化情况

可以发现，第二次（接受刺激并进行干预后 4 小时内）应激反应得分，四组被试的差异达到显著水平；LSD 事后检验发现，实验组 1 显著低于实验组 2、实验组 3 和控制组，实验组 2、实验组 3 和控制组之间无差异。第三次应激反应得分，四组被试的差异达到显著水平；LSD 事后检验发现，实验组 1 显著低于实验组 2、实验组 3 和控制组，实验组 2 显著低于实验组 3，实验组 3 和控制组无显著差异。第三次应激反应得分，四组被试的差异达到边缘显著水平；LSD 事后检验发现，实验组 2 显著低于实验组 1、实验组 3 和控制组，实验组 1 与实验组 3 无显著差异，均显著低于控制组。

五、结论

通过对四组被试的反应时基线值进行方差分析，可以看出四组被试是同质的。通过对反应时、主观评定的应激反应得分变化情况进行分析，可以看出在 4 小时内进行干预，对缓解刺激引发的深层心理反应有一定的效果，但不够明显；在 12～24 小时进行干预，效果最好；在 24～36 小时进行干预和在 4 小时内进行干预之间无明显差别。

综上所述，心理危机干预计算机辅助系统对受创个体的干预在危机事件发生后 12～24 小时进行效果最佳。

下篇

应用与实践

第九章　心理危机干预工作者的职业素养

　　心理危机干预是一项专业性和挑战性都非常强的工作，这对心理危机干预工作者的职业素养提出了较高的要求，一般包含三个方面：要有良好的心理品质；具备专业的心理危机干预理论和技能；拥有完善的督导体系。

第一节　心理危机干预工作者应具备的心理品质

一、承受一定心理刺激强度的能力

　　心理危机干预工作的环境多为危机事件现场，工作对象是受危机事件影响的相关人员，为了保证干预工作顺利开展，心理危机干预工作者要有一定的心理承受力。如果危机事件对受害者的影响程度由弱到强分为轻度、中度和重度，那么危机干预团队的领队及干预骨干都应能承受危机事件带来的重度影响。

　　这并非要求危机干预工作者在面对高强度的心理刺激时，完全没有任何反应，而是要求其具备快速的心理恢复能力，让反应保持在合理范围之内，不会因为刺激性场景的冲击而无法正常工作。具体包括如下几点：

　　第一，在生理方面，如果出现应激反应，能在2～3天内快速消失。具体而言，虽然面对场景惨烈的危机现场，或者血肉模糊的受害者，有恶心、心跳加速、呼吸加快等生理反应是正常的，但是为了保证工作的有效进行，以及个人良好的工作状态，各种不适症状能在 2～3 天内消失。

第二，在认知方面，确保逻辑思维清晰、反应敏捷。在危机现场，对整个环境有着清醒的认识，对被干预者的身心反应有着相对客观的认知，能根据被干预者的心理动力走向快速调整干预策略。

第三，在情绪方面，保持镇定。在危机现场面对各种危机场景，面对各种情绪激烈的被干预者，需要危机干预工作者保持自身情绪的稳定，共情被干预者的同时能客观判断其情绪变化的起因并及时给予恰当、专业的纾解。

二、良好的自我情绪管理能力

危机干预工作者在工作过程中，经常要面对被干预者叙述的刺激性画面，比如自然灾难、突发事故、自杀等现场的一些惨烈场景。此外，突发事件的干预现场会有较多的不确定性，如遇难者家属的过激反应，追悼会现场的突发状况，遗体告别给家属、幸存者留下的影响……面对这些情况，危机干预工作者即使出现一些情绪的变化，也需要快速及时地调整，保持沉着、镇定和冷静。尤其在危机干预工作过程中，干预者本身的稳定状态能为被干预者提供一个榜样，有助于其恢复至情绪平衡状态。这就要求干预者有完善的自我情绪管理能力，掌握呼吸放松、肌肉放松、认知调节等情绪调节的基本技巧，及时地调整状态，保证工作的持续顺利进行。

三、旺盛的精力与充沛的体力

危机事件的发生一般会较为突然，心理危机干预工作者需要随时做好准备，接到危机干预的需求或任务后，快速行动赶赴现场展开工作。在影响范围较大的危机事件现场，干预者的工作量、工作时长和工作强度都会非常大。在危机干预过程中，经常面临时间紧急、受害人员数量众多的情况，可能需要连续几天的高强度工作，这就要求心理危机干预工作者要有旺盛的精力与充沛的体力。

另外，危机现场的物资跟平时相比可能会出现紧缺等情况。为了更好地应对这些情况的发生，干预者应具有较好的体力，同时在连续的高强度工作中保持旺盛的精力，这就需要干预者平时加强锻炼，保持良好的身心状态。

四、良好的自我认知能力

自我认知（self-cognition）是对自己的洞察和理解，包括自我观察和自我评价。自我观察是指对自己的感知、思维和意向等方面的觉察；自我评价是指对自己的想法、期望、行为及人格特征的判断与评估。自我认知是自我调节的重要条件，对于心理危机干预工作者也是非常重要的一项能力。

（一）对自己的成长和生活经历有充分的反思和认识

每个人对世界、对事、对人的态度、想法或者行为方式都会受到个人经历的影响。充分了解和全面认识自己可以让我们更容易觉察自己在危机干预工作过程中的表现是否合理。

（二）明确自身是否有意愿从事危机干预工作

对工作本身的兴趣直接影响个体能否投入工作以及持续从事这项工作。

（三）了解自己是否有能力从事危机干预工作

只有具备了扎实的危机干预理论和技能之后才能开展这项工作。而且在获得基本的专业能力后要有自信但又不夸大自身的能力，对危机干预工作心存敬畏。

五、原有创伤得到处理和修复

每个人都有自己的创伤经历，危机干预工作者也不另外。在从事心理危机干预工作之前，干预者本身的创伤也需要得到妥善的处理和修复，避免干预过程中自己的干预策略和干预行为受到个人经历的左右。例如，一个受虐儿童保护工作者自己在童年时曾遭受过性虐待，面对受虐儿童个案时，对受虐儿童的母亲大加斥责，责备她迁就丈夫对子女的虐待行为，将自己的过去经历与被干预者的问题混为一谈。干预者自身的创伤没有得到妥善处理就开展工作，对干预者自身和被干预者都是有害无益的。

干预者的创伤经历也可以通过心理咨询、个人体验等方式得到妥善的处理，干预者本身的这些经验可能也是有利的，比如因为有类似的体验就可以更好地理解和共情被干预者，提供有效的应对方法。因此，危机干预工作者需要对个人的成长和生活经历有明确的认知。对于尚未解决的个人创伤经历和困扰，都要进行妥善的处理和修复，这样才能合理地运用自身因此获得的成长经验。

六、团队精神与团队合作能力

心理危机干预工作需要以团队的方式开展，因此危机干预工作者必然要有团队精神与团队合作能力，其原因有如下几点。

（一）团队成员之间的心理支持有助于干预工作的顺利进行

干预者主要是帮助危机事件受害者处理负性的事件经历，倾听受害者讲述惨痛经历，或者到危机现场开展工作，团队作战的方式有利于成员之间彼此支持，获得团队的温暖和力量。

（二）危机干预现场充满不确定性，需要团队合作开展工作

即使干预工作开始之前做好预案，干预现场也会因为某些实际需要，而导致工作方案的变动调整，这需要团队成员之间及时地沟通配合才能完成。另外，危机事件的现场干预，除了专业的干预工作之外，还有干预过程中的

后勤保证（行政接洽、资源保障）、信息发布等事务。对于这些，团队成员分工完成更高效。

（三）团队成员之间可以就干预过程中出现的问题及时地讨论解决

如果团体或个体干预过程中遇到了疑难案例，或者干预者产生了某些困惑，团队的及时讨论就有利于快速地明确问题，群策群力找到解决方法。

第二节　心理危机干预工作者应具备的专业技能

心理危机干预工作者除了具备必要的心理品质，更需要具备专业技能。一方面是基本的心理工作技能，比如真诚一致、尊重接纳、共情理解等，这些可以保证干预者与被干预者建立基本的信任关系，为后续干预工作的开展奠定基础。另一方面，心理危机干预工作者还需具备现场心理危机干预的专项技能，比如如何组织实施现场危机干预、如何进行团体干预和个体干预等。

一、心理危机干预的基本技能

（一）真诚一致

真诚是对干预者和被干预者双方的要求，双方都能表达真实的想法和感受，有助于聚焦要解决的核心问题。尤其是干预者的真诚可以为干预营造安全、自由的氛围，使被干预者感到可以敞开心扉，袒露自己的内心世界，坦陈自己的心理问题所在无须顾虑，同时感受到自己是被接纳、被信任、被爱护的。

特别是警察、军人等群体，他们被赋予勇敢、富有担当的社会品质，这却也严重阻碍了他们对恐惧、胆怯、委屈等正常情绪反应的表达，这种压抑和否认恰恰加重了心理危机的影响。因而，在干预者的带领下创造一种真诚、接纳的团体氛围尤为重要。干预者的真诚能为被干预者提供一个良好的榜样，有助于其真实地与他人交流，坦然地表露或宣泄自己的喜怒哀乐等情绪，并可能从中发现和认识真正的自我。

（二）尊重接纳

尊重就是干预者在价值、尊严、人格等方面与被干预者保持平等，把被干预者作为独立自主的有思想感情、内心体验、生活追求的活生生的人去看待。尊重可以使被干预者感到自己是受尊的、被理解的、被接纳的，从而获得自我价值感。这对被干预者走出危机、重新回到良好的状态有很大的意义。

尊重的心理学核心和本质含义是对被干预者的接纳。既接纳被干预者积极、光明、正确的一面，也接纳其消极、灰暗、错误的一面；既接纳和普世观念相同的一面，也接纳完全不同的一面；既接纳被干预者的价值观、生活方式，也要接纳其认知、行为、情绪、个性等。

掌握一些支持的技巧，更能让被干预者体验到尊重接纳。支持主要是给予精神支持，而不是支持被干预者的错误观点或行为。这类技巧的应用旨在尽可能地解决危机，使被干预者的情绪状态恢复到危机前水平。为此，可以应用疏泄、暗示、保证、改变环境等方法，一方面降低求助者的情感张力，另一方面也有助于建立良好的沟通和合作关系，为以后进一步的干预工作做准备（赵国秋，2008）。在干预过程中须注意，不应带有强烈的教育目的，教育虽说是干预者的任务之一，但不应是危机解除阶段和康复过程中的工作重点，在干预阶段教育色彩太浓一般不会收到良好效果，甚至可能引起被干预者的反感。另外，如果有必要，良好的家庭和社会支持，也可极大缓解被干预者心理压力，使其产生被理解感和被支持感。

（三）共情理解

在真诚和尊重的基础上，被干预者才能敞开自己，更多地表达个人的困扰和问题，更顺畅地完成与干预者的互动和交流。干预者在倾听被干预者表达的时候，与心理咨询相比需要有更高效的关键信息的捕捉，给予被干预者充分的理解和共情。

对于刚刚经历危机事件的人，他们的心理状态往往处于巨大的波动中，能够面对一位认真倾听的干预者，把自身的经历和感受表达出来，本身就会有助于其恢复心理平衡；干预者的共情理解，也会使被干预者体验到接纳和支持。

为了能共情理解被干预者，迅速与之建立信任关系，心理危机干预工作者需要具备一定的沟通能力。对此，干预者应注意以下几点：第一，消除内外部的"噪声"或干扰，以免影响双方诚恳沟通。谈话时尽量避免无关的第三者在场，给被干预者提供安静、温馨的环境。第二，避免双重、矛盾的信息交流，做到真诚一致。如果干预者只是口头上对被干预者表示关切和理解，在态度和举止上却并不给予专注或体贴，就会减少被干预者的信任感，破坏刚刚建立起来的关系。第三，避免给予过多的保证，尤其是那种"夸海口"，因为一个人的能力是有限的。第四，避免使用专业性或技术性言语，多用通俗易懂的言语。第五，具备必要的自信，利用一切可能的机会调适被干预者的自我内省、自我感知、自我体验（孙月琴，何龙山，2005）。

二、心理危机干预的专项技能

危机干预是一项专业性较强的工作，干预者需要掌握完善的心理危机干预理论知识和技能，才能更有效地开展危机干预工作。

（一）熟练掌握组织实施现场心理危机干预的方法

危机事件发生之后如何有效地开展工作，快速组建团队，完成危机事件信息的收集、受害者的心理评估及现场心理动力模型的构建，形成完善的心理危机干预方案，并有条不紊地实施危机干预等，都要求所有参与心理危机干预的工作者熟知基本的工作流程，并且彼此密切地配合，从而快速高效地完成危机事件的心理干预工作。

（二）掌握心理危机干预的团体技术

团体干预一般是两位干预者带领多位被干预者，通过技术破冰、教授放松和图片-负性情绪表达技巧等专业操作，来帮助危机事件中受影响程度为中度的人员恢复社会功能，预防更严重的心理问题的发生，尤其适用于涉及人数较多的危机事件。

（三）掌握心理危机干预的个体技术

危机事件发生后，一部分人会受到较为严重的影响，比如受到 7 级以上程度的影响。此时，就应该直接使用个体干预技术对其进行干预。另外，对于参与团体干预后，仍然还没有达成良好心理状态的，也可用个体干预技术对其进行干预。

以上是作为一名合格的心理危机干预工作者，必须掌握的三类专项技能。另外，危机干预工作者也要充分认识到继续学习的意义，保持对心理危机干预领域前沿技能和专业信息的开放态度，不断更新和提升自身的专业素养。

第三节　心理危机干预工作者的督导体系

在开展心理危机干预工作过程中，会不可避免地遇到各种问题或者困惑。此时，专业督导就是心理危机干预工作者的最佳选择。专业督导可以帮助干预者快速发现自身不足，获得督导的支持与鼓励，对干预工作进展和个人成长都具有非常大的价值。

对心理咨询的顺利完成，以及心理咨询师的能力提升，督导体系都是必不可少的。危机干预工作作为心理咨询的一种特殊形式，在督导的设置上，与一般的心理咨询既有普遍的关联性，同时也具有自己的独特性。

一、危机干预督导的普遍性与特殊性

危机干预是心理咨询的一个具体类别，其督导与一般心理咨询督导中的督导形式、内容以及工作流程等方面具有一致的特点。同时，在设置和问题方面，危机干预督导工作也具有自身独有的特点。

（一）危机干预督导的普遍性

危机干预督导的普遍性表现在，与一般咨询的督导具有相同的形式、基本一致的内容和大致相同的工作流程。

1. 危机干预督导形式的普遍性

一般性的心理咨询，根据督导与咨询师的关系，可以将督导分为上级督导和同辈督导；或根据人数的设定，分为个人督导和团体督导。危机干预的督导的形式也是如此。

（1）上级督导和同辈督导。上级督导是指资深心理督导师所给予的督导，无论在危机干预专业技能方面，还是在危机现场的心理救援经验方面，其都可以对资历尚浅的危机干预工作者在工作过程中的困惑给予指导。上级督导可能由一个人承担，也可能由某个危机事件的干预工作团队承担。而在同辈督导中，参与人员经验和水平相当，他们通过彼此的案例分享和讨论，旨在克服心理干预和个人人性层面遇到的困难。

（2）个人督导和小组督导。个人督导通常指一个督导师与一个危机干预工作者之间一对一的督导形式，这种一对一的模式，可以让督导师更全面地关注到被督导者的问题，更有针对性和详细地做出引导和反馈。小组督导是指一个督导师对一组危机干预工作者的督导。参与同一危机现场心理救援的工作者，面临的事件场景类似，开展的工作具有较高的同质性，通过小组督导的方式，彼此之间能获得团队的经验、感受到团队的力量，在这一过程中每一个被干预者也能获得自身的成长。

2. 督导内容

无论是一般性心理咨询，还是危机干预，在督导内容方面都包括专业提升和个人成长两部分。

（1）专业提升。在实施危机干预过程中，干预技能和案例干预方面出现困难，可以通过督导的方式，找到更多的解决思路和应对技巧。比如在进行个体干预过程中心理评估结果是否准确、操作流程或细节是否标准等等。

（2）个人成长。危机干预中的阻碍虽然很多时候看似是个案处理的问题，但也可能是因为干预者自身的过去创伤经历和个人价值观所造成的。比如干预者本身对待生命、金钱或荣誉的态度，对待亲情、友情和爱情的方式等等，都可能因与被干预者不同而产生冲突。这时，就需要个人成长方面的督导。

3. 督导工作流程

督导执行过程，需按照一定的流程进行。由于一般性心理咨询是根据不同的流派和目的进行督导的，各种督导模式流程本身就有一定的区分。督导一般分为计划阶段、实施阶段、评估阶段（王敬群，王青华，2013）三个部分。在计划阶段，主要是确定督导的目标、方式和方法，以及评价的标准和方法；在实施阶段，主要进行督导性沟通、把握整体进程，以及应对意外情况等；在评估阶段，则是包含了对被督导者的评估、对督导师的评估以及对督导过程的全面评估等内容。

在计划阶段，危机干预督导在目标方面是比较明确的，即消除危机影响，提升心理动力；在方式和方法方面，由于危机干预是团队作战，所以一般以小组督导为主。在实施阶段，根据危机干预的原则，危机干预的督导比一般性心理咨询的督导更加快速简捷一些；与一般性心理咨询一样，危机干预的督导，评估内容同样是最为核心和关键的，尤其是对被督导者的动力评估。

以下总结了危机干预督导的一般性流程，供读者在实践过程中参考：

- 危机干预团队负责人介绍整体的工作背景、过程及结果。
- 每个成员提出各自的工作感受、收获与疑惑。
- 不同成员之间相互回应、交流与分享。
- 督导师给予回应（技术层面、人性层面），并进行引申。
- 每个成员表达感受，总结并结束督导。

（二）危机干预督导的特殊性

危机干预工作者，需在复杂多变的危机干预现场中，处理不同场景下出现的各类特殊问题，这使危机干预督导在时间节点的设置上和需要督导的问题上具有自己的特殊性。

1. 危机干预督导节点设置的特殊性

一般性心理咨询督导，无论是哪个流派，都会将督导周期设置为两周以上，这是因为咨询师日常个案量较大。在一般的咨询机构或高校，时隔一个月或者更长时间进行一次专业督导，这样的设置也可以满足咨询师专业成长的需求（樊富珉，黄蘅玉，冯杰，2002）。

但危机干预督导，在督导节点的设置上，则要求在每一次现场危机干预中，都至少进行一次现场督导，并且在完成整个现场干预后，还须进行总结性督导。这样的督导设置，是由现场危机干预工作的特殊属性决定的。首先，这种特殊性表现在危机现场对每一位参与其中的人，都会造成一定的心理冲击，专业干预者也不例外，因此，需要专业督导师对其心理冲击情况进行专业评估，以有效调整危机干预工作的安排。其次，这种特殊性表现在危机现场环境的复杂性上。每一位专业干预者虽然都具备基础的专业能力，但在复杂的环境中如何合理运用自己的专业技能，也需要专业督导师的指引和帮助。最后，这种特殊性表现在真实的危机现场都是对于专业干预者人性的考验，专业干预者需要通过督导师的帮助，在自我成长方面得到提升。

2. 危机干预督导问题的特殊性

危机干预是比较特殊的心理咨询形式，因此，督导的问题相对也会比较特殊。需要督导的问题一般有目标不清晰、心理张力不足、动力降低等。

危机干预的目标必须是清晰的，只有这样才能满足危机干预的基本要求，即"快速、简捷、有效"地完成干预工作。然而，在现场危机干预中，限于环境、人员和物资等多方面的客观情况，有时需要对危机干预的目标进行相应调整。例如，在危机现场，干预对象为救援人员，然而由于危机现场还在维护中，救援人员还未撤离，而这时指挥中心又要求干预者先接触已在现场实施救援任务人员的家属。此时，被干预者发生改变，则干预目标也需要随之转变：针对家属进行心理干预，防止出现精神症状和自杀自伤行为。

危机都是突然发生的，危机干预工作者也被要求在最短时间内到达危机现场，因此，很多时候干预者的心理准备是在危机干预的过程中进行的。那么，就有可能出现准备不足的情况，即没有形成良好的"心理张力"。心理张力是衡量专业干预者对危机现场承受能力的心理指标，心理张力越强，对于现场的心理准备就越充分，对于现场的意外情况的接受和应对能力也就越强。

危机干预工作面对的是一个复杂不断变换的场景，因此，干预者每天的心理状态也处于动态变化之中，由于各种情况的发生，还会存在心理动力下降的可能性。此时，就需要团队领导进行准确评估，在个别人员或团队出现动力下降时，及时通过督导进行有效调整。

此外，危机干预现场可能也会有这样或那样的问题出现，需要干预者及时识别并通过各种设置进行有效处理。

二、危机干预督导的重点

伴随着危机现场干预工作的持续开展，危机干预督导一直是不可缺少的环节，这也是危机干预督导区别于传统心理咨询督导的重要一点。危机现场的督导与危机干预结束后进行的总结性督导，有着不同的督导重点。

（一）危机现场督导

危机现场督导，是指危机干预团队的负责人或资深督导师在危机干预现场固定时间段内（一般在每日现场危机干预任务结束的晚上）对工作团队开展的现场督导或远程督导，旨在消除危机干预工作者在危机中的过激反应、对危机干预进行指导修正、对价值观进行引导等等。

每一次现场危机干预过程中，现场的场景、不可预期的突发状况、被干预者的情绪波动，都会对危机干预团队中的每个人产生影响，这些影响汇集到一起，就是团队的动力走向。如果外界的动力影响过大，就会"摧毁"整个干预团队的战斗力。因此，作为团队的整体把控者，危机干预团队的负责人需时时对团队的动力走向进行评估，当团队中有成员出现动力缺失或动力耗竭时，就要利用团队的力量进行校正，以保持团队的专业效能。如下几点需要重点关注。

1. 消除危机反应

每一个人都不是生活在真空环境中，危机事件不仅仅影响到诸多的被干预者，也会影响到现场心理危机干预工作者。危机干预团队的每一名成员都要敏锐觉察到自身的变化，危机干预团队的负责人则不仅仅要关注到自己，也要看到同伴的变化，随时评估团队成员在现场的心理动力，正视危机事件带给团队的心理冲击，并借用团队的力量，借助有效工具、手段快速去除干预工作者产生的心理反应，激活团队的力量。

2. 危机干预技术修正

危机干预者对于危机干预技术的掌握，是必备的基础条件。然而危机现场的环境是千变万化的，技术的运用需要结合环境因素进行合理调整，以达到技术效果的最大化。因此，需要有经验的督导师结合当下危机现场环境，对于技术使用合理性给予相应指导。

3. 价值观引导

危机现场，难免对身临其中的人产生心理冲击，这个冲击不是由危机现场决定的，而是由每个人人性深层的价值观决定的。因此需要督导师对每个危机干预工作者在危机现场的经历，包括对生死等方面的态度进行有效引导，以帮助团队顺利开展干预工作。

4. 心理动力提升

身处危机干预现场，干预人员的心理动力，是能否顺利完成危机干预工作的重要指标。只有在一定的心理动力下，干预者才有可能对被干预者进行准确评估，遇到阻力后有效破冰，将干预技术的效能快速发挥出来，保障现场危机干预工作的顺利开展。

（二）总结性督导

总结性督导，是指现场心理危机干预工作基本完成后，危机干预工作者通过同辈或者上级督导师对整个干预过程和个人成长情况进行总结和反思。

干预后的总结性督导可以从危机事件的整体组织实施、案例干预、干预者个人成长上进行系统的梳理，总结经验教训，完善干预者的专业技能和提升个人的心理成长水平。如下几点在总结性督导中格外重要，特别提出。

1. 鼓舞团队士气

如前文所述，团队动力是危机干预工作重点评估的内容，因此也是总结性督导的重点内容。每一次现场危机干预工作，都是一个耗费心力和体力的过程，此时，团队的力量对于参与危机干预工作的人员就是延长其职业生命过程的重要保障。

鼓舞团队士气，可以通过团体心理行为训练的方式进行。选取简便易于操作并能形成良好团队氛围的心理行为训练项目，在总结性督导的开始阶段执行，能够较好地提升团队士气。

2. 职业化提升

危机干预工作者，不仅仅要有专业的操作流程和技术手段，更要有团队纪律，有共同的价值观，有高效的组织工作机制，所有这些都可以通过危机干预督导工作持续得到回报和滋养，从而由一名专业工作者，提升到职业工作者的高度。

如果说专业化是帮助危机干预工作在深度上不断推进，那么职业化则是通过标准化、规范化、制度化的方式，将危机干预工作在广度上不断拓展。危机干预工作的职业化包含了团队工作的制度化、工作流程的规范化，以及干预技术的标准化等方面。

3. 团队分工总结

现场危机干预工作是通过团队的形式完成的，团队人员的职能划分和配合，是团队完成危机干预工作的重要前提。因此在总结性督导过程中，对于团队的分工和配合需要认真总结，尤其是任务职责不明确导致的工作失误、环境问题导致的配合不熟练，以及在新的危机情境下团队工作思路受限等情况，都是在总结性督导中讨论的重点内容。

4. 专业技能总结与提升

专业技能总结和提升包含干预技术和诊断两个方面。干预技术包含组织实施、团体干预和个体干预等多种技术，并且需要根据实际情况，灵活运用和发展技术的适用性。危机干预工作是心理咨询工作的一个重要分支，虽然并不起心理治疗的作用，但一个专业的危机干预工作者需要掌握一定的心理疾病的知识，尤其是对危机状态后极易产生的应激症状、一过性的精神症状等，要加以区分和有效转介。

5. 职业伦理与价值观提升

职业伦理作为心理服务的一个原则，在危机干预当中同样需要被重视，它也是危机干预总结性督导的重要内容。危机干预工作中的职业伦理同样包括遵从保密原则、明确干预者和被干预者的权利和义务等等。

以上提到的所有重点，究其根本，与我们的价值观有重大关联。在危机干预工作过程中，我们对危机事件的态度、对被干预者的态度，以及对自身工作的态度，都是由我们自身的价值观决定的。因此，每一次总结性督导的过程，都是干预者审视自我价值观的一个重要过程，旨在觉察在本次任务执行过程中，自我内在价值观如何引导行为模式，从而更加清楚地明确自我定位，对以后的任务执行有更好的指导。

第十章　重大灾难中救援人员的
现场心理危机干预

重大灾难是所有的危机事件类型中，对人们的生命和财产造成较大损失的一类，主要包括两种：一种是自然变化而产生的自然灾害，如地震、洪水、台风、海啸等；另一种是人们从事各种活动过程中因故意或过失导致的重大事故。重大灾难发生后，除了事件亲历者，现场救援人员（如军人、公安、消防员、武警、医务工作者等）也会受到心理冲击，产生心理危机反应，这一部分人的心理危机反应和干预有其独特性，本章进行详细介绍。

第一节　救援人员现场心理危机概述

一、救援人员现场心理危机的特点

与亲历危机事件的幸存者相比，救援人员基于自身职业责任，到达危机现场实施生命和财产的救援，他们自身也可能遭受危机事件的影响。

（一）心理刺激强度大

重大灾难发生后，现场的人员伤亡或者物质损毁往往较为严重，这些情景的刺激强度一般较大，比如地震中的残垣断壁、满目疮痍，血肉模糊的遇难者、受伤的幸存者……面对这些残酷的情景，救援人员的心理很容易受到冲击，在这巨大的心理冲击之下，还需要保持战斗力，承担起救援任务，这是救援人员相对于幸存者最大的区别。

（二）涉及人群数量大

重大灾难发生后，通常影响范围巨大，像汶川地震现场受灾群众数量就达千万以上，面对波及面如此巨大的灾难事件，无论是抢险救灾，还是生命救援，都需要数量众多的救援人员。这就意味着大量的救援人员要在刺激强度极大的灾难现场开展救援工作，同时也意味着相当数量的救援人员可能会产生心理危机。

（三）情感反应的特殊性

救援人员虽然与重大灾难遇难者、受害者，可能没有血缘关系，或者亲密的情感联结，但是其自身的职业责任感和使命感（如保护人民生命和财产等），会促使他们积极投入救援任务当中，因此他们也会为现场的惨烈而悲伤、难过，也会为生命的脆弱而震撼，同时一旦因客观条件的限制，无法成功挽救生命，他们会更容易出现自责、内疚、愤怒等负性情绪，严重者可能无法继续参与救援，甚至回避从事该职业。

（四）多次进入同类危机情景，可能造成更大伤害

救援人员因为要承担救援任务，所以通常需要一直工作在最危险的现场。例如，在地震现场，他们会持续执行救援任务。而且执行艰难险重的抢险救灾任务就是他们的工作职责之一，这就意味着只要发生灾难事件，他们就需要奔赴救灾现场，从而面对刺激强度极高的危机情景。救援人员暴露在危机场景中的持续时间更长和频率更高，这就使得他们受危机事件负性影响的概率极大地增加。

从心理承受能力的角度来看，反复经受类似的危机情景刺激，可以以脱敏的方式增强承受力，但是如果情绪、躯体、认知和行为等危机反应没有得到及时处理，受影响程度一直保持高强度水平，或反复受影响，那么这些多

次进入危机情景的救援人员就很可能产生严重的心理创伤。

二、救援人员现场心理危机干预工作的要求

（一）要全面评估救援人员的心理受影响程度

救援人员在对人民生命或财产进行救援的同时，自身也会受到现场刺激场景的影响。比如，遇到一些血腥惨烈的现场，救援人员受到的心理刺激程度就会很大，同时，又基于自身职业责任的要求，救援人员往往继续坚守自己的工作岗位，如果让其主观报告受影响程度，有可能收集到与其真实的受影响程度不一致的评估结果，因此，除了让救援人员主观评估，还需要干预者现场的观察和访谈。

也就是说，救援人员的职业责任感和价值观，容易让他们对自身受到的冲击采取压抑或否认的态度，寻求心理帮助的动力也会不足，在现场心理危机干预中要尤其注意前期的技术破冰和打破防御。

（二）可以有效利用救援人员本身清晰的组织架构

重大危机事件发生后，救援人员的数量往往是庞大的，也就是说可能遭受心理危机的人数也会较多，因此在对救援人员进行现场心理危机干预时，干预者要进行充分的专业准备。在开展干预工作时，可以有效地利用救援人员的原有组织架构。比如对于地震救援现场，往往不同的救援团队会负责不同的片区，不同片区的救援人员又会有统一的指挥部，因此在进入现场救援之前，可以优先通过指挥部整体了解前方救援人员数量和不同片区救援人员的受影响情况，从而分清轻重缓急。

同样，到达现场进行干预时，也可以先做好救援团队负责人的技术破冰工作，建立信任关系，再以其为突破点，消除其他救援人员的心理防御，从而对真正受到事件影响的救援人员进行及时的心理干预。

(三) 构建救援人员现场心理危机干预动力模型非常关键

救援人员往往会较长时间内都战斗在保护人民生命和财产安全的一线；长时间遭受较大强度的现场危机情景的刺激，因此掌握救援人员心理状态的动态变化也是现场心理危机干预非常重要的一部分，尤其是接受了现场干预后依然要返回前线进行救援的人员，就更需要干预工作者的更多关注。同时值得一提的是，干预者本身也要做好心理状态和干预团队氛围的动态评估工作。因此，构建救援人员以及干预者的现场心理危机干预动力模型非常关键。

(四) 对救援人员进行现场心理危机干预要快速有效

军人、公安、医务工作者等救援人员的工作往往争分夺秒，时间就是生命！因此，怎样让受到心理冲击的救援人员尽快恢复，保持救援队伍的战斗力或工作效率，就成为心理危机干预工作的关键要求。因此，救援人员现场心理危机干预一定要保证快速有效，以最快的速度消除心理危机的影响，恢复受影响人员的工作能力和战斗力。

第二节　救援人员现场心理危机干预的组织实施

救援人员的心理危机干预关系到救援人员的心理健康和救援团队的战斗力。我们同中国人民解放军军事心理训练中心的专家一同先后参与了"4·28"胶济铁路特大事故、"5·12"汶川地震、新疆"7·5"事件等国内重大突发事件中的心理危机干预。汶川地震发生后，我们共同组建团队，两次赴灾区对一线官兵及受灾群众实施心理援助，历时48天，对1 000余名官兵和500多名受灾群众进行了及时的心理调适，有效缓解了震后出现的恐慌、悲痛、焦虑等心理危机反应；对担负抢险任务的官兵进行了针对性心理训练，增强了他们的承受、适应等心理素质和能力；对具有强烈创伤后应激反应的官兵和群众进行了有效的心理干预，及时消除了他们的心理自闭、意识紊乱、行为异常等严重心理应激反应。

通过参加抗震救灾等心理危机干预实践，我们总结形成了一套操作性强、实用效果显著的心理危机干预技术路线。接下来以"5·12"汶川地震救援官兵的心理危机干预为例，介绍整体危机干预工作的组织实施。

一、组建干预团队

2008 年 5 月 16 日，中国心理卫生协会向中国人民解放军军事心理训练中心发出"5·12"汶川地震救援官兵心理危机干预邀请函，我们与其他危机干预专家共同赶赴灾区。最终形成干预团队，并对每个人的责任做了明确安排。

二、构建现场心理动力模型

救援人员心理危机干预工作的开展既有常规心理危机干预工作的共性，又有其独特性。重大灾难中救援人员现场动力模型是救援人员心理危机干预工作的基础。以下是在汶川地震心理救援中的救援人员心理动力模型的构建。

（一）危机事件分析

到达现场之前，跟事件知情人确认事件发生的时间、地点，事件的性质是什么，影响范围有多大等等，确认干预对象和目标，以便做适当前期干预人员、物资等准备。

了解救援官兵的状况和需求是开展好心理危机干预工作的前提，具备了这种认识，才能紧贴部队的需求与他们沟通，使官兵真正从内心接受我们、认同我们，也使我们的工作更加实际、有效。因此，每到一个部队，首要的工作就是迅速分组，通过与部队领导和基层官兵直接沟通等方式，调查了解该部队的基本情况，掌握官兵的心理状况。根据部队担任任务的性质和工作时间的长短，重点关注持续担负艰巨任务的搜救突击队，以及掩埋遗体的官兵，或者因地震失去亲人，但还要执行任务的川籍官兵等；持续对人员做出分类，以便全面掌握危机事件信息和人员信息。

（二）构建危机事件现场心理动力模型

掌握了基本的事件信息后，需要了解待干预的救援人员基本信息。确认受影响救援人员的数量，通过个体和团体访谈，确认被干预者的基本信息、遭受刺激的类型和受影响级别，以及心理状态的动态变化，根据危机分期和人员分级，确认干预的分组。

1. 确定心理刺激源

救援人员的心理刺激源通常按照个体不同的感觉通道分为具体的刺激类型。例如，地震救援官兵受到的刺激会包括：视觉上，有可能是残肢断臂、血肉模糊；听觉上，可能是痛苦的喊叫声；触觉上，可能是冰冷的尸体；嗅觉上，可能是刺鼻的尸臭。个体受哪种刺激比较强，将直接决定心理危机干预具体方法的选择。

2. 评估心理刺激强度

心理刺激强度是指引发应激反应的刺激源对个体的主观刺激量的大小，主要包括刺激画面的强烈程度及暴露在该刺激中的持续时间。心理刺激强度由低到高分为 1~10 级。

（1）1~3 级属于轻度刺激，指远距离或间接感受到刺激场景。例如，听到别人描述尸体的形状、看到破坏性的可怕地震场景、远远地看见某个完整的尸体等。

（2）4~6 级属于中度刺激，指在较近距离感受到刺激场景。例如，看到裹着尸体的袋子、接触受伤较为严重的伤者等。

（3）7~10 级属于重度刺激，指近距离观察、接触、感受到强烈的刺激场景。重度刺激可能会引发严重的应激反应。例如，直接接触到尸体，包括近距离看到肢体的分离、扭曲，头部严重的变形、脑浆外溢等，这样的刺激强度均超出常人的承受范围。

此外，个体对心理刺激源主观感受的强弱还与个体接触刺激源的持续时间有关系。心理刺激强度的确定直接决定心理危机干预的强度，如干预过程中某种技术使用的频率和时间等。

3. 分析心理状态变化

分析、比较救援官兵执行任务之前、之中以及干预时的心理状态变化情况，持续时间的长短，对社会功能的影响程度。例如：情绪的变化，包括焦虑、抑郁、面无表情、闷闷不乐、烦躁等指标；认知的变化，包括反应速度、注意力、记忆力、方向感等指标；行为上的变化，包括执行任务的效率、睡眠和饮食状况等方面的变化；躯体上的变化，包括心跳、呼吸、嘴唇（或手）发抖、肌肉酸痛、恶心、腹泻等指标。

根据以上三个核心要点可以构建出危机事件的现场心理动力模型，该模型将在心理危机干预方案的制订、有针对性干预技术的选择及最终干预效果评估等方面发挥必不可少的作用。

三、干预方案制订

通过前期访谈的结果，构建了救援人员的现场心理动力模型，制定了干预方案，并对受影响程度不同的人员采用不同的技术进行现场干预（见图 10-1）。

第一，团体干预组，由两位干预者负责，采用图片-负性情绪表达技术为7位 4～6 级的新兵进行团体干预，核心目标是帮助受影响程度为中度的人员消除心理危机反应，恢复战斗力和日常的睡眠饮食，并重点筛查其中需要个体干预的人员。

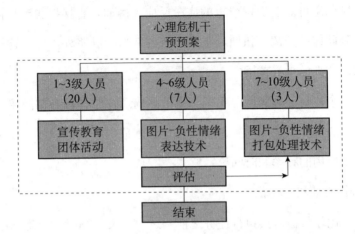

图 10 - 1　对受影响程度不同的人员采用不同的技术进行现场干预

第二，个体干预组，由两位干预者负责，借助心理危机干预计算机辅助系统，采用图片-负性情绪打包处理技术依次为 3 位 7 级以上的新兵进行个体干预。核心目标是消除闪回画面，恢复其心理平衡，并且预防未来更严重心理问题的出现。

第三，宣传教育组，由两位干预者负责，首先对 20 位自我评估心理状态良好的人员进行正常化教育，让他们意识到在灾难救援中产生画面闪回、情绪波动、回避等行为都是正常的，任何人经历这些都可能会受影响，消除他们的疑惑和压力，并分享压力管理和放松减压的技巧，最后通过团体的心理行为训练项目，让他们体会团队的温暖和支持。

四、实施干预

经过前期沟通，确认需要个体干预和团体干预的人员，干预小组分别展开了工作。以下分别呈现团体辅导及一对一现场干预的案例，进一步阐述图片-负性情绪表达技术及图片-负性情绪打包处理技术的运用。

（一）图片-负性情绪表达技术团体干预案例

图片-负性情绪表达技术的团体干预，由 2 名工作者和 8～10 名干预对象组成，由专业工作人员充当主干预者和助理，主持团体干预活动，进行心理辅导，时间大约为 40～60 分钟。在宽松和谐的环境中，通过让官兵表达事件的经历过程和感受，宣泄负性情绪，学会正确的应对策略，帮助官兵快速恢复心理平衡。

开展团体干预主要经过以下四个阶段。

1. 进行技术破冰

由于对心理危机干预知识的相对欠缺，部分被干预官兵有可能在接受帮助的初期表现出不理解、不相信、不配合的情况。这种阻抗产生的原因通常可能为：首先，亲历危机事件，承认自己有应激反应，内心可能会有耻辱感；其次，对心理学有刻板印象，觉得只有那些有严重心理问题者才需要接受心理帮助；最后，一些人对心理学将信将疑，甚至不相信心理学对他们有什么帮助。在汶川地震的一线救援人员中，80％是部队官兵、消防战士，这些群体有其自身特殊的职业特点，职业本身带给他们的英雄感和荣誉感，使他们对心理学帮助产生职业性阻抗。所以，危机干预工作者在对一线救援人员进行心理危机干预时，首先要解决的一个关键问题就是能否运用一些专业技术消除一线救援人员的职业阻抗。

技术破冰主要是以小组工作的形式进行。互相介绍后，通过以下几方面的工作来达到技术破冰的目的。

（1）心理反应正常化教育。通过专业知识的传递与分享，引起他们的共鸣并接纳自身的心理应激反应。例如，告诉被干预官兵，人在这种异乎寻常的情景下通常会有哪些反应。一个正常的个体在灾难中一定会有各种反应，这是非常正常的，只是程度有差异而已；如果你没有任何反应，我们反而表示担忧，从而降低被干预官兵由于心理知识的匮乏而造成的对自己心理反应的恐慌。

（2）技术共情。明确说明危机干预工作者能为被干预官兵提供哪些帮助，以及这些帮助的科学原理，激发他们的求助愿望。促使他们认同危机干预工作者的专业性，加强相互信任，从而愿意接受专业的帮助。例如，告诉被干预官兵："大脑中反复出现那些影响睡眠、食欲的恐怖画面虽然属于常见的心理反应，但是如果不及时处理，就有可能使一些问题长期化和复杂化。而我们有能力在短时间内帮助大家缓解或消除这些问题，最大程度地降低未来创伤后心理障碍发生的概率。"通过对一系列专业技术实效性的诠释，可以消除职业阻抗，达到破冰的最终目标。

2. 团体心理行为训练

在初步互相了解以及打破阻抗之后，再通过互相有肢体接触的行为训练项目"信任背倒"进行团体心理行为训练，进一步体验团队的温暖和互相的信任和支持。

3. 传授放松技巧

危机干预工作者向被干预官兵简要介绍放松原理及常用的放松方法，如呼吸放松法、"感受呼吸温差放松法"等，并用口述指导语的方式示范放松步骤，让被干预官兵体验放松带来的身心舒畅感，并习得某种放松技巧。从汶川地震心理危机干预的实践来看，"感受呼吸温差放松法"被证明是一种简捷、有效、易操作的放松方法。下面简单介绍这一方法：

核心技术：放松身体，集中注意力，感受呼吸温差。

具体方法：注意力集中在气流上，思维跟随气流。缓慢吸气，此时，注意记忆气流在鼻腔的温度。然后气流缓慢通过呼吸道往下走，通过胸腔，在鼻腔缓慢呼出。此时，体验其与气流进入鼻腔时的温差，体验到的温差越明显，放松效果越好。

放松效果：转移了注意力，放松了大脑神经，稳定了情绪。

通过放松训练，达到了三个目的：一是对第一阶段的干预进行了进一步的整合；二是平复了在第一阶段暴露创伤时造成的紧张情绪；三是让被干预官兵习得对抗焦虑、紧张等情绪反应的技能，鼓励他们依靠自身力量缓解一些一般性的心理反应。

4. 图片-负性情绪表达

在完成破冰和学习放松技巧后，危机干预工作者鼓励被干预官兵对他们的创伤经历进行表达和宣泄。在鼓励表达时，危机干预工作者要引导他们重点描述那些让他们有痛苦体验的经历。在表达过程中，鼓励被干预官兵表达创伤经历及刺激画面所诱发的痛苦情绪。其中，负性情绪得以外化显得非常关键，负性情绪的表达要准确、充分。在这个过程中，危机干预工作者可以对每个被干预官兵的创伤症状进行评估，并筛查出创伤程度比较严重的个体，以便随后进行个体干预。

例如，在绵竹汉旺对救援官兵的心理危机干预中，有一名战士开始说自己没什么，想不起来，后来又说不敢说，怕自己控制不住。最后，在危机干预工作者的引导下他终于说有一件事让他感到非常恐惧，晚上不敢睡觉，白天也不敢跟别人说。当他讲到这里时，忍不住失声痛哭。本来以为没法再提这件事，怕自己控制不住，没想到真的说出来了，反而感到轻松！

图片-负性情绪表达之后，可以请被干预官兵用所学习的放松技巧进行自主放松，每个人表达完后，在危机干预工作者的带领下，再进行集体放松，最后还要强化正性资源。所谓正性资源就是被干预官兵经历过的、体验过的那些美好的、温暖的，能给人鼓舞、振奋、欢快的场面，引导被干预官兵回忆这些场景，体验与这些温暖画面相联系的正性情感，使他们对自己记忆中的经历认知更完整，体验更加积极。

例如在对地震救援官兵进行干预时，可以这样引导："我知道，大家在执行任务中，看到了也经历了很多让人感动的事，下面请大家说一说，在救援过程中，那些让你感到特别温暖、给你鼓舞和力量的经历。"

以上工作完成后，被干预官兵负性情绪得到了宣泄，学会了放松的技能，正性资源得到了强化，更重要的是，这一过程使被干预官兵对自己的心理状态有了更加清晰的认识和理解。

（二）图片-负性情绪打包处理技术个体干预案例

某部队参加一线救援的战士，19 岁，他所在的部队是在震后半小时最早抵达灾难现场的救援队伍，初期的工作主要在受损严重的小学和工厂实施搜索救援，之后又对遇难者的尸体进行处理和掩埋；这一过程总共持续了 5 天多。干预者与他接触时，他正在当地执行执勤任务。整个人的精神状态很不好，表情有点呆滞，说话时声音在颤抖。

危机干预工作者采用图片-负性情绪打包处理技术对他进行了个体干预。

1. 图片-情绪联结

干预者："这几天的救援任务中，一定有很多惨烈的场面，而且不同的场面带给你的感受可能是不同的，愿意和我分享一下吗?"

被干预者："来这儿之前，从未没经历过这么惨的事，第一次见这么多尸体，刚开始我们主要是在学校和工厂搜救活着的人，最近几天主要是参与尸体处理。有很多难忘的场面，有些让人特别难受，特别同情那些遇难者。有些场面想起未有些害怕，挺恐怖的。"

2. 功能分析

干预者："你的感受我非常能理解。悲伤与同情的感受很正常，而且这种情绪可能会停留一段时间，然后慢慢才会淡化。站在成长的角度，它对你是有利的。而那种让你害怕的刺激场景可能对你的影响更多是负面的，从你自身的感受上来讲是这样吗?"

被干预者："嗯，感觉挺恐怖的，我希望能把它忘掉。"

3. 图片-负性情绪打包

干预者："好的，我们先放松一下，来，闭上眼睛，吸气，呼气，现在，我想让你找到那个在大脑中出现频率最高、让你最痛苦的画面，同时体验这个画面带给你的痛苦感受。"

被干预者："嗯，有个场景是让我感觉最恐怖。那天，我到一个黑暗的废墟下寻找生还者，我打着手电筒努力搜寻，在我想转身时，突然一个人，就在我眼前跟我面对面，乎电筒的光正好打在他的脸上，他的眼睛睁着，死死地盯着我，我当时吓得把手电筒都扔掉了，整个人被吓蒙了。事后，那双在黑暗中瞪着我的眼睛，总也在脑子里挥之不去。这个画面持续存在 5 天了，一直在我脑子里面闪现，白天由于有任务还好点，到了晚上，一闭上眼睛，我无法控制地就会想到它，很害怕，5 天来没睡过一个好觉，白天也没精神。"

4. 快速眼动

干预者："如果让你对这个画面带给你的恐惧情绪用 1～10 级进行评估，你觉得达到了几级？"

被干预者："9 级。"

干预者："好的，下面集中你的注意力，把下巴放在这个支架上，眼睛盯着屏幕上的黄色小球，我点击'确定'后，它会在屏幕上左右晃动，这时需要你的眼球跟随它来回转动，明白了吗？"

被干预者经过了三轮的快速眼动，其间贯穿了放松和情绪评估。他叙述了其大脑中的恐怖画面的变化，他对这三次改变的感受分别是："变得模糊了，看不清了，像是隔着层毛玻璃。""看不清了，更加模糊了。""找不到那个画面了，太神奇了。"三轮快速眼动后，被干预者的恐惧等级降到了 2 级。

当询问他的感受时，他说："挺轻松的，内心中有种平静安宁的感觉。"

5. 温暖画面与正性理念植入

干预者："在你的救援过程中，一定有一些让你感到温暖的或者让你自豪和感动的事件或画面。现在，我想让你找到它，并体验它带给你的那种正性的感受。"

被干预者："嗯，找到了。那天，我从废墟里救出一个小女孩，她拉着我的手说：'我很乖，叔叔，谢谢你救我出来。'那一刻，我感到非常温暖，我觉得浑身充满了力量，我觉得自己有力量去帮助那些需要帮助的人。"

干预者："记住这个带给你力量的画面，它会是你一生宝贵的财富，任何时候都能带给你力量。从你的笑容上，我觉得我们已经成功达到了这次工作的目标。祝你一切顺利！"

被干预者："我会的，谢谢您的帮助！"

五、回访和总结

在个体干预案例中，一周后电话回访，被干预者告诉我们他目前状况很好，睡眠、饮食均恢复正常，还在带领战士们执行执勤任务。也就是说，干预成功地消除了被干预者的闪回症状及其恐惧情绪。在此强调一个技术细节，即被干预者脑中其实有很多的负性画面需要处理。在灾难的心理危机干预现场，当面临这种情况时，首先也是要重点处理在他脑中出现频率最高、让他的负性情绪体验最为强烈的画面。其他画面等待其症状稳定后再做处理。此外，专业辅助工具在心理危机干预中发挥了重要作用，对于专业工作者来讲，它会使操作变得流畅，干预过程档案也可以得到完整的保留。对于被干预官兵来讲，有工具的辅助，他们更容易接受帮助，更相信专业方法的科学性，也更能积极配合完成干预。

第十一章　组织内突发事件的
现场心理危机干预

第一节　组织内突发事件及其心理影响分析

一、组织常见突发事件概述

随着经济和社会的迅猛发展，各类组织出现的各种突发事件频频进入人们的视野，而这些突发事件，对组织造成了一定的影响。有研究者将"突发事件"定义为：人们尚未认识到的在某种必然因素支配下瞬间产生的，给人们和社会造成严重危害、损失且需要立即处理的破坏性事件。由于发生突然，而且危害严重，突发事件会对组织造成巨大影响，尤其是对组织中个体的心理会造成更为深层的影响。

根据发生过程、性质和机理，突发事件主要分为以下四类。

（1）自然灾害，主要包括水旱灾害、气象灾害、地震灾害、地质灾害、海洋灾害、生物灾害和森林草原火灾等。

（2）事故灾难，主要包括工矿商贸等企业的各类安全事故、交通运输事故、公共设施和设备事故、环境污染和生态破坏事件等。

（3）公共卫生事件，主要包括传染病疫情、群体性不明原因疾病、食品安全和职业危害、动物疫情以及其他严重影响公众健康和生命安全的事件。

（4）社会安全事件，主要包括恐怖袭击事件、经济安全事件和涉外突发事件等。

自然灾害由于发生突然，并且有严重的破坏性，很多经历者，会有亲人和财产的重大丧失。这种突如其来的丧失，会让经历者产生绝望感，进而丧失生存下去的勇气，极易造成人员生命财产的再度损失。该类事件发生概率较低，灾害类型与地理位置特点关联较大。

事故灾难，是企业这一组织类型的常见突发事件。事故灾难中，由于发生的场景为工作场合，并且事发突然，通常会有较多的目击人员，从而造成这些人员的心理创伤，甚至是引发精神症状。对于事发的企业来说，未注意到事故引起的人员心理问题，可能会引发更为严重的人员伤害和经济损失。

公共卫生和社会安全事件，是近些年发生的频率较多。由于社会对此类事件的关注度提升，以及网络媒体的发达，容易迅速传播，对经历过或未经历过的普通群体造成一定的影响，诸如对于自身安全受到威胁的过度恐慌心理；对于这类事件，尤其是人为因素而引发的过度愤怒心理；对于身受其害的过度关注而引发的抑郁、焦虑心理等。

因此，无论哪类组织，突发事件都会造成严重的影响。这其中就包括对涉事人员造成的心理影响。对此，我们需要格外重视，防止其对组织造成二次伤害。

二、组织突发事件中各方人员心理动力的特点

对于组织突发事件，比如安全事故，在现场心理干预工作过程中，组织方、受影响人员以及危机干预工作者的心理动力都有典型的特点。

（一）组织方心理动力的特点

对于突发事件，组织方应以降低事件影响为根本宗旨，寻求专业方面的

帮助。故而，快速、简捷、有效的干预原则，是符合组织方的根本利益和求助诉求的基本原则。同时，由于突发事件可能涉及组织方原有的规则规范、人员管理、安全设置等多方面因素，组织方可能存在快速解决核心问题，避免事态扩大的期待。因此，组织方在事件发生后会表现出主动求助与配合心理工作开展的态度。随着工作推进，组织方对危机干预工作的期待则会更加多元与深入，比如如何做好新闻发布、如何保障内部信息通道的畅通、如何安抚到道听途说的组织个体等等。

因此，根据组织的心理动力特点，在危机干预工作开展之前，干预者须与组织方进行深入沟通，阐明工作目标，澄清工作流程，明确工作主体逻辑，展示核心技术，减少组织对现场危机干预工作的防御，使之在整个危机干预工作过程中维持较高的动力。

（二）受影响人员心理动力的特点

组织突发事件的受影响人员心理，与其他情况的受影响人员基本一致，都可能存在生理、情绪、行为、认知等方面的损伤，然而其心理动力则有明显的不同特点。

一方面，突发事件是在组织中发生的，受影响人员隶属于组织，而从事干预工作的专业人员受雇于组织方，因此，受影响人员内心即使有明显的求助诉求，也有可能受身在"组织"这样的一个客观环境的影响，而产生一定的防御心理，从而表现出求助心理动力较低的异常状态；另一方面，同样是受限于身在"组织"这样一个条件，受影响人员对于暴露自我的状态，有更多的内心顾虑，会产生诸如"组织是不是会知道我的这些奇怪想法""我这样脆弱的表现，组织是不是会不接受"等等想法，这些也会影响他们求助的动力。

针对受影响人员的内心顾虑，专业干预者需要在实施危机干预服务前，进行有效的"心理破冰",消除被干预者的心理顾虑,使之合理且真实地表达自己的目前状态,提高受影响程度严重者求助的动力。

（三）专业干预者心理动力的特点

通常来说,组织对于干预服务有着极为迫切的诉求,但这有可能会对专业干预者造成压力;同时,由于需要合理调动组织方和受影响人员,干预者在工作上的难度也比较大;并且,为组织方提供的服务,由于组织方的预算和项目成本,可能对专业干预者的配置也有一定的影响,这在客观上也增加了干预工作的开展难度。

鉴于此,在组织突发事件的现场干预工作中,需要团队作战,明确分工,与组织方就干预工作进行深入、细致的沟通;危机干预工作团队的负责人要敏锐洞察每一个干预者的心理动力,确保团队的心理弹性良好,并有策略地激活团队的工作效能。

第二节 从组织内自杀事件看现场心理危机干预实施

一、自杀事件对于组织的影响

虽然已经过去很长的时间,但是提起富士康,可能还是会有很多人不自主地想起"13连跳"这样的字眼。时至今日,也许富士康已经从那个艰难的时期走出来了,但这个劳动密集型企业曾经的伤痛,恐怕永远无法被抹去。

由此可以看出,自杀等恶性突发事件,对于组织的影响不是暂时的,而是较为长远的。毕竟生命的逝去对于人的内心冲击是巨大的,普通人只是听说,就有可能产生心理上的阴影,更何况那些与逝者有着血缘关系的亲人、情感至深的朋友，以及朝夕相处的同事？

因此，对于自杀这样的恶性突发事件，更需要专业、科学的心理干预服务，从而尽快消除其对各类相关人员的影响，避免悲剧的升级。

二、自杀动力模型构建

在处理自杀事件的心理危机干预工作过程中，自杀动力模型的构建尤为重要。自杀这个结果对死者的家庭、对死者所在的组织都带来了难以名状的痛苦，而死者自杀的原因亦让更多的人沉思。接下来就自杀动力模型构建的关键点阐释我们的工作思路。

面对死者，尤其是在办公环境选择结束生命的个体，调查自杀原因是组织不可回避的重要环节。家属、组织内的众多个体，面对一个生命的逝去，在不知明确原因的情况下会有各种猜测，而这种猜测不仅仅会引来不必要的恐慌、骚动，也会影响死者家属与组织的关系。

（一）死者自杀的心理动力

心理学中对于自杀动力学原理，有个体和社会因素两方面的理论。其中个体因素，由精神分析的创始人弗洛伊德的内向攻击理论最早进行了阐述，认为外在的压力导致内部的冲突，并指向个体本身，形成抑郁状态，进而产生自杀行为；社会因素，由涂尔干的社会整合理论最早进行了阐述，认为社会的压力及影响，是个体选择自杀行为的决定因素。

通过访谈和搜索了解死者自杀前的行为模式和特点，能够构建出死者自杀的心理动力，找到自杀的危险因素和保护因素。危险因素包括可能的应激情况、遗传因素、客观因素、人际关系问题、物质滥用、精神疾病以及躯体疾病等；保护因素则包含完备的社会支持体系、积极的应对方式、规律的生活方式、正向的认知和人格基础，以及对精神和躯体疾病的有效治疗等。对于一般人，保护因素的缺失在自杀动力中占有更大比重，因此，我们遇到危险或困难时，需寻求更多力量帮助去解决问题；而对于高风险人员，危险因素的存在在自杀动力中占有更大比重，在危急情况下，高风险人员会做出轻生的决定。

（二）死者亲属的心理动力

面对家人的丧失，死者亲属的情绪以悲伤为主。这时，作为专业心理危机干预者，不要急于帮助死者亲属处理悲伤情绪，更为关键的评估亲属的心理动力，包括：

- 是否因为过度哀伤而产生精神症状？
- 是否因为过度哀伤而产生自杀、自伤意念或行为？

因此，在与亲属进行访谈沟通时，需要把握其动力走向，例如仔细观察对方的面目表情、言语当中的情绪情感，以及一些细微的肢体动作。如果在表情、情感流露以及肢体动作方面具有一致性，那么亲属的危险性相对较低。但表面说自己很悲伤，但并没有表现反应，或者是已经很激动，但总强调自己没事儿……对于这些心理动力异常情况，则需要格外关注。

（三）相关被干预者的心理动力

这里所说的相关被干预者，是指除亲属以外日常和死者接触较多的人员，如领导和同事、日常频繁接触的工作伙伴、合作者或竞争者，以及相处较为亲密的朋友等。这部分人群，也是需要访谈和评估的重点人群。这些人和死者接触较多，对于这样突发的事件，其内心会激起较多的情绪和认知反应，需要专业人员对这些情绪和认知反应的合理性做出恰当评估，消除可能的危机隐患。

（四）危机干预工作者的心理动力

在自杀这类突发事件的干预现场中，专业干预者的心理动力也需要时时关注。

自杀现场是比较惨烈的，现场本身的刺激强度比较大，一般在7级以上。这样的刺激，对于专业干预者本身也是较为强烈的，会很大程度上影响干预者，进而影响其提供专业服务的心理动力。

因此，需要团队的领队时时关注干预者的情绪和行为表现，通过每日现场督导了解每一位干预者的心理动力，从而形成团队整体的动力。在适当时机，通过构建有积极动力的团队氛围，或通过专业的督导师的帮助，有效提升团队心理动力，顺利完成干预工作。

三、组织内自杀事件心理干预案例实录[①]

某企业，清晨有一名研发工作人员坠楼身亡。该男子30多岁，已婚，育有一子。曾在心理专科医院就诊，通过服药治疗有好转。事件发生在清晨，而且事发地在工作场所，有上班早的人员看到了坠楼的惨烈场景。

（一）组建团队

由4人组成危机干预工作团队，他们都具有多年丰富的经验，另有1名督导师，对此次危机干预工作进行远程指导。

（二）危机事件管理

按照危机干预工作技术路线，干预工作团队首先与组织方对接人员进行沟通，了解事件相关情况及目前进展。通过与组织方接触，干预工作团队了解到，事情很突然，家人和周围同事都觉得不可思议，难以接受；而其自杀的时间恰在早晨上班时，有很多同事看到血肉模糊的现场，直接影响到一部分员工正常走进办公场所开展工作；当下就有一些女性晕倒在现场，现场一

———————————

[①] 案例进行了保密处理，其中出现的干预者和专家姓名皆为化名。

片混乱。

危机干预工作团队通过企业的信息渠道发布了心理服务通知，将求助途径（电话、地点等内容）提供给所有员工。干预者分成两队：一队对自愿前来寻求帮助的人员，进行危机访谈和心理状态评估；一队主动对涉入较深人员进行访谈，评估其心理状态。访谈之后，对人员进行分级，分级情况如下。

1. 一级人员

其中 2 人为逝者邻近座位的同事，这两位平时与逝者关系较为亲近，知道事情后，较为震惊，看到空空的座位，有恐惧感、难以抑制的悲伤情绪，心理影响评级在 8 级以上，列为一级关注人员；另外 6 人为现场目击人员，他们经常出现现场惨烈画面的闪回，同时伴有一定的恶心、厌食、头疼、手心出汗等躯体症状，恐惧情绪明显，评级均在 9 级以上，也进入一级关注圈。

2. 二级人员

其中 5 人为逝者的领导和同层办公人员，这些人在每天工作时间都会与死者见面，他们对目前出现的状况感觉特别意外，也感觉很惋惜，时常闪回与逝者相遇的画面，评级均为 6 级；另外 4 人为危机现场处理工作小组成员，他们多次处理危机工作，见过多种危机现场，既往处理危机的工作经验可以让其快速修复，但也会因此事勾起以往见到的画面，引发对生命的感慨，并伴有短期的饮食、睡眠方面的困扰。这两类人群画面感强，画面多元，甚至有既往创伤的画面，评级为 6～7 级，进入二级关注圈。

3. 三级人员

听闻此事，觉得难以接受，但与死者并不熟识，主动寻求帮助的有若干人。这些人有一些臆想的画面，恐惧感明显，对于经过事发地有禁忌，鉴于他们的反应，进入三级关注圈。

（三）心理动力分析

1. 自杀者的心理动力分析

通过前期的调查以及自杀者周围同事的反馈，干预者获得了以下相关信息：

● 有抑郁症和服药史，但事发前已停药。

● 据身边关系较为紧密的同事反映，死者内向，即使有事挂在心里也不愿意和别人说。

● 一直加班，自杀前晚上并未回家。

● 在办公室的抽屉内发现了遗书。

● 亲属表示死者的姐姐一直服用抗抑郁药物，死者与其姐姐及母亲在行为方式上很相似，可以判断其家族具有抑郁症遗传倾向。

结合上述资料可知，死者患有抑郁症，且家族中多人有抑郁症病史，而其自行停药，不排除抑郁症发作，结合留有遗书可以初步断定，死者是典型的抑郁性自杀。

2. 干预者的心理动力分析

自进入危机现场的第一天，干预团队就立即进入了工作状态。然而，于当晚进行的现场督导中，督导师询问他们对于现场有怎样的感受时，发现干预团队竟然没有去勘察坠楼现场！这使得督导师隐约地感觉到干预者的心理动力有问题。通过询问，果然如此。干预者对于坠楼现场虽然没有内心的抵触，但还是比较忌讳的。这是对干预的防御心理状态，这样的状态很难使干预者感受到现场的真实氛围，自然也就会对被干预者的真实状态评估造成影响。因此，督导师及时通过能带给团队力量的活动，给予心理动力的提升，并引导干预者明日去感受现场，获得必要的现场信息。

在第二日感受过坠楼现场后，干预者的内心受到了一定的冲击，有个别人出现了不良反应，对此团队内部给予了处理。然而，带着这种体验的干预者，在帮助被干预者进行画面处理时，会有更大的信心和说服力，并从帮助被干预者消除心理影响的过程中，获得更大的专业成就，远超过自己所遭受的影响。而且，这个力量，也会带动整个干预团队顺利完成本次干预任务。

3. 被干预者的心理动力分析

对于通过告知信息主动前来的人员，其求助心理动力是较强的，给予简单的过程说明后，就可以直接干预。反而是逝者的领导和同层办公人员，可能存在一定的内心阻抗，需要先进行一定的心理破冰，再进行干预。

其他的员工，由于没有见过现场，推测影响不会太大。但为保险起见，还是要进行全员教育，并给予相应干预。

（四）形成自杀动力模型指导下的干预方案

经过对自杀者、干预者、被干预者系统的评估，干预团队对这三类人员的心理动力指数了然于胸，再结合干预者与被干预者感受到的危机现场的心理刺激源及其强度，形成如表 11-1 所示的记录。

表 11-1　　　　　　　　　自杀动力模型及干预方案

被干预者	经历危机时间	心理刺激源	心理刺激强度	心理动力指数	既往创伤	干预者	干预技术
李××等 6 人	2 天	亲眼看见自杀现场，闪回惨烈的画面	9	9	无	于老师（作为主干预者）、刘老师（作为干预助理）	图片-负性情绪打包处理技术（重点消除闪回画面）
刘××等 2 人	2 天	对事件本身感到震惊，看到旁边空空的座位	8	5	无	李老师（作为主干预者）、于老师（作为干预助理）	技术破冰（破除心理防御，提升干预动力）、图片-负性情绪打包处理技术
张××等 4 人	2 天	善后处理自杀现场	6	8	有	于老师（作为主干预者）、刘老师（作为干预助理）	图片-负性情绪表达技术、图片-负性情绪打包处理技术

续前表

被干预者	经历危机时间	心理刺激源	心理刺激强度	心理动力指数	既往创伤	干预者	干预技术
裴××等5人	2天	曾经与死者工作和接触的场景	6	5	无	李老师（作为主干预者）、王老师（作为干预助理）	技术破冰（消除顾虑，提升求助动力）、图片-负性情绪表达技术
其他员工若干	2天	听说或转述该事件	3	4	无	于老师	宣传教育

（五）实施干预

1. 全员教育

首先由于老师主讲危机心理常识，针对全员进行危机心理知识科普，帮助大家了解心理危机，正确认识本次危机事件。讲座开始阶段，先进行了简单的集体按摩，让大家放松的同时，通过身体接触形成一个温暖的氛围，为后续的讲座内容开展奠定一个良好的基础。然后，于老师就本次讲座的缘由，开诚布公地告知大家，要将问题焦点直接抛出——目前大家正在经历的是一次心理危机事件。接下来结合案例和过往经验，于老师重点分享了心理危机的一些生理、情绪和行为特点，并告知大家这些是"正常人在异常情况下的正常反应"，旨在消除大家的顾虑，使之正确地认识自己目前的心理状态。最后，于老师教授大家一些应对心理危机的实用方法，并告知有专业的途径可以帮助大家。

会后又有2人报名寻求专业帮助。

2. 团体干预

将9名二级人员组成一个团体，跟组织方协调出一个可以容纳20人左右的会议室，由李老师和刘老师带领进行团体干预。

首先李老师让大家在会议室围坐成一个圆圈，之后进行简短的自我介绍，也引导大家做自我介绍。然后，李老师开始用"技术破冰"融解大家的防御。

"我们知道你们在今天遭受到了一定的内心冲击，对于我们身边的一个同事突然以这样的方式离我们而去，任何一个正常人都会产生各种不舒服的心理反应，比如痛苦、悲伤、恐惧、心情低落等等。我们要告诉大家的是，这些心理反应是非常正常的，只要我们能够正确应对，就能够顺利度过这个适应期。相反，如果从初始到现在没有任何感受，这种情况我们才会有所担心。"

技术破冰之后，李老师大致说明了本次活动的目的和流程，进而带领大家进行心理行为训练，通过肢体语言，让大家感受到团体的氛围和力量。之后，让大家坐下来，教授大家放松方法，即"感受呼吸温差放松法"，由于方法简单有效，大家很快就掌握了。

氛围铺垫得差不多了，接下来就进入图片-负性情绪表达环节。首先是让每位被干预者依次表达自己的经历，充分宣泄负性的感受，接下来大家一起使用"感受温差呼吸放松法"，充分放松自己。之后在大家都放松下来的情况下，李老师又引导大家植入温暖的画面，巩固本次团体干预的效果。

3. 个体干预

典型案例一：

同事小刘，早上看到了坠楼现场的惨烈画面，一上午脑中都挥之不去，看到通知后马上来寻求专业帮助。通过小刘的描述，李老师感觉其目前状态是比较恐惧，因此当下帮助他进行放松。在稍微舒缓了被干预者的情绪之后，李老师开始运用图片-负性情绪打包技术。

（1）图片-情绪联结。

干预者："我刚才听到你描述总有一个场景或者画面在你眼前出现，这个比较影响你，是吗？"

被干预者："嗯，一闭上眼睛，就会看到那个摔得粉碎的尸体。不知道怎么了，一直出现这个。老师，您说这是怎么回事？"

李老师说明这个就是典型的闪回症状，并进而询问："那在这个过程中，你会有哪些不舒服的感受呢？"

被干预者表示很害怕，也会出现心跳加快、手心出汗、胃部不适等躯体症状。

李老师就继续询问各种反应的等级，被干预人员反馈，害怕大概有 9 级，各种躯体反应大概有 7 级。

（2）功能分析。

李老师："你的感受我非常能理解。我现在和你确认一下，困扰你的以及你需要消除的，就是那个画面，特别是你所说的那个摔得粉碎的尸体，是吗？"

被干预者："嗯，就是这个，我希望能把它忘掉。"

李老师："还有其他感觉不舒服，需要消除的吗？"

被干预者："别的没有了。"

（3）图片-负性情绪打包。

李老师："好的，我们先放松一下，来，闭上眼睛，吸气，呼气……现在，我想让你找到那个在大脑中出现频率最高、让你印象最为深刻的画面，同时体验这个画面带给你的震惊和害怕的感受。你能够感受到吗？如果你感受到了，就点头示意我。"

不一会儿，被干预者就点头了，表示又进入了情景之中。

（4）快速眼动。

李老师："好的，请睁开眼睛。正对着电脑屏幕，眼睛盯着屏幕上的黄色小球，我点击'确定'后，它会在屏幕上左右晃动，这时需要你的眼球跟随它来回转动，其他的不要动，明白了吗？"被干预者点头表示理解。

经过第一轮的快速眼动，被干预者表示："变得模糊了，看不清了。"李老师进而引导进行第二轮眼动。"那个白布单好像变成了一条线，虽然还能看到，但是已经不明显了，有点不可思议！"被干预者说完，自己笑了。李老师询问被干预者的情绪等级，得知他的害怕降到了3级，躯体反应则完全没有了。当询问他的感受时，他说："比之前轻松很多了。"并表示这个程度可以了，不需要再进行眼动了。

（5）温暖画面与正性理念植入。

在李老师的引导下，被干预者回想了自己前段时间出游的画面，感觉自己如同之前出游一般轻松畅快，最后对干预者表达了感谢，十分轻松地离开了会议室。

典型案例二：

同事小王，自述本次并没有看到现场和尸体，但这个事情唤起了之前在殡仪馆中看到其他人尸体的过往经历，想起之后就再也挥之不去了，感觉很苦恼。今天听说有做这方面的心理专家，看看能不能够获得一些专业帮助。干预者于老师和助手，向被干预者介绍了图片-负性情绪打包技术及其背后的心理原理。之后按照既定流程进行干预。

（1）图片-情绪联结。

于老师首先询问最为困扰被干预者的那个画面，被干预者描述："大概是两年前，在参加我奶奶葬礼的时候，在殡仪馆看到了隔壁的一个死者，应该是交通事故导致的，身体上盖着白布，但头露出来，那个流着血的头部我印象特别深刻。"

于老师进而询问："这样的一个画面带给你什么样的感受？"

被干预者表示，最多的是恐惧，达到9级，还有点恶心和不舒服，大概6级。

（2）功能分析。

于老师询问被干预者最想处理的画面，被干预者表示："就是那个比较令人讨厌的头部吧，最想处理的就是这个了！"

（3）图片-负性情绪打包。

于老师："好的，闭上眼睛。我们先放松一下，缓慢地吸气，缓慢地呼气……现在，请你回想那个在大脑中出现频率最高、让你印象最为深刻的画面，同时体验这个画面带给你的感受。你能够感受到吗？如果你感受到了，就点头示意我。"

很快，被干预者颤抖了一下，轻微点头，表示有所感受。

（4）快速眼动。

于老师："请睁开眼睛。请你现在正对着电脑屏幕，眼睛盯着屏幕上的黄色小球，我点击'确定'后，它会在屏幕上左右晃动。只需要你的眼球跟随它来回转动，其他的不要动，明白了吗？"被干预者点头表示理解。

经过第一轮的快速眼动，被干预者表示："画面有点变得模糊了，看不清了。"李老师进而引导进行第二轮眼动。"那个头部有点变形了，变成了一个小小的三角形，特别神奇啊！"之后又进行了两轮眼动，小三角形变成了"只有指甲盖大小的一块儿"，被干预者表示可以了。于老师询问被干预者的情绪等级，被干预者表示恐惧降到了 1 级，其他没有什么感觉了。

（5）温暖画面与正性理念植入。

最后，于老师帮助被干预者进行放松，并引导他构建一个温暖的画面。被干预者想象自己小时候和奶奶在一起的温暖画面，其间不自觉地流下了眼泪。被干预者诉说自己从小和奶奶一起生活，在老人家去世的时候特别悲伤，但自看到那个画面后，自己的情绪就像被卡住了一样，不过现在情绪可以顺畅地宣泄出来了。

被干预者哭了一会儿，又静坐了一会儿之后，对干预者的帮助表示了感谢，干预者表示他的心理创伤部分得到了处理，如果对于怀念亲人这个情结还需要处理，可以随时寻求帮助，被干预者表示认同并再次感谢。

（六）总结性督导

经过干预团队3天紧锣密鼓的工作，现场危机干预工作受到组织方的高度评价，一方面是因为看到了危机干预工作的即刻效果，快速帮助其解决了员工工作能力复原的问题，另一方面是因为对危机发生过程中引发的很多心理现象有了科学的认知，能清晰且淡定地针对各人群、各种状况有序推进工作，减少危机事件造成的影响。

督导师也对整个工作团队表现出的状态和服务效果比较满意。虽然在这个过程中，还有需要改进和提升的地方，但团队的氛围很好，后期表现出的战斗力和专业能力也是可圈可点。

如下记录了此次危机干预团队成员接受督导后的总结，希望团队成员的分享能给读者带来危机干预督导的直观体验。

危机干预团队成员 A：

我是本次工作的带队组长。通过本次干预工作的过程，我对关于动力模型构建的理论又有了更深层次的认识。

以往多次学过关于动力模型的内容，然而在实践运用过程中，每次都会有新的体验。比如本次过程中，很多人对我们的工作不理解和不接受，开始阶段是抵触的，动力非常低，这导致我们的工作动力也非常低。幸好经过及时督导，我们及时调整了工作动力，并且也很幸运地等到了第一个个案，从而扭转了整个局面，真正用我们的专业能力，帮助了需要帮助的人。

以后我们再出来做工作前，还是要再学习有关心理动力模型构建的内容，脑中时刻有动力的概念，用这个概念指导我们的工作，以保持我们的专业能力。

危机干预团队成员 B：

首先我要跟大家表示歉意啊！我作为本次工作的业务助理，最开始就没有很好地支持大家。通过本次督导，我意识到，专业的支持最为重要！

本来达到的前一天，我还在想是两个人住一个房间，还是一个人住。最终考虑到大家会比较辛苦，觉得应该一个人住一间。但经过第一天的督导，我才知道，团队的力量是一个很专业的问题，不是我想大家怎么舒服就怎么来的问题。而且，我自己也确实在第一天晚上感觉很难受，这应该就是督导师说到的没有感受到团队力量所导致的后果吧。

以后再作为业务助理，一定先做到专业支持，为大家提供更为便捷和快速有效的服务。

危机干预团队成员 C：

这是我第一次和团队做危机干预工作，感谢团队给我支持！但其实这不是我最想表达的。我最想说的，还是关于自杀评估的过程。

就像刚才其他老师说的，可能在实际工作中，我们所有用到的技术方法，或者什么原理之类的，其实都是我们以前学习过的，甚至有些就是我们的研究课题。我们可能觉得我们已经对这些内容很熟悉了，运用起来不应该成为问题，但真的到实践的时候，根本不是那么回事！就像我们面对的那个人一样，我明明已经感觉到他可能会有自杀的想法，觉得该评估他这方面的可能性，我也学习过如何去询问，但在那个当下，我就是问不出来！如果我学了那么多东西，都用不出来，那有什么用呢？

所以可能还是要回到心理动力上来，真的只有调整好动力才能去做干预，要不然，技术什么的根本就用不出来。我觉得，这是本次干预工作给我的最大收获。

危机干预团队成员 D：

这是我今年第二次的危机干预任务，可能令我感触深刻的，并不是辛苦，而是我今年已经三次进入殡仪馆了。上一个任务两次，这次任务又一次。

　　毕竟这样的地方是比较特殊的，意味着有人失去了生命，而且还要有亲人送别逝去的生命。这个对我的冲击是比较大的，它是督导师所提到的人性层面的东西，也是我们动力的根本。我很赞同督导师所说的，危机干预工作，要有对生命敬畏的态度！因为我们敬畏生命，所以我们需要对遭受危机的人员进行有效的工作，排除他们生命出现危险的可能性。我们要去探寻逝者最后的生命轨迹，去找到背后的原因，然后用专业知识，告诉其他人要更加珍惜自己的生命。

　　这种态度，也帮助我获得更多的动力，去继续做好危机干预的工作，帮助更多身在危机当中需要帮助的人。

第十二章　图片-负性情绪打包处理
技术个案应用

图片-负性情绪打包处理技术能够对受危机事件影响较重的个体，进行快速、简捷、有效的干预，还可以对个体过去的创伤进行处理。我们利用此技术，完成了多例既往创伤的干预，这其中包括对多年前工作现场残留的创伤画面的处理、对怕蛇心理的处理、对失恋阴影的处理、对恐怖视频观后心理应激反应的处理等。同时，我们多年来也追踪了接受图片-负性情绪打包处理技术干预的个案，对其进行了数据分析，以进一步论证该技术的使用效果。

第一节　图片-负性情绪打包处理技术个案应用实例

图片-负性情绪打包处理技术在危机干预现场可以快速发挥效果——处理掉困扰被干预者的闪回画面及减轻其负性身心反应。与此同时，我们也发现该技术对处理非危机状态下的创伤性画面亦有明显效果。接下来，为了便于读者深入了解该技术的实操步骤，在对个案信息进行了保密处理之后，我们将展示部分应用实例。

案例一：特殊任务后的创伤

（一）案例描述

刘某，男，23岁。三年前参与某暴恐事件的现场围剿，负责现场拍摄录制工作。拍摄地点是暴恐分子的窝藏地，他自己趴在雪地上，对面是暴恐分子窝藏的洞口，里边黑漆漆的，趴在洞口隐藏过程中总是出现一些幻想或幻觉，比如暴恐分子已经发现自己，对声音格外敏感……任务执行结束后，他对趴在雪地里保持拍摄姿势的经历印象非常深刻，而那个黑漆漆的洞口的画面也时常出现于梦中，有时候会做噩梦，梦到父母被暴恐分子迫害，会从梦中惊醒。

（二）案例分析

在与这位被干预者交流过程中，干预者发现他所参与的围剿拍摄任务虽然已结束三年，但他依然会想到当时的强烈画面，而且当时趴在雪地里的几幅画面让其印象深刻。在描述时亦能感受到其情绪的变化、身体的颤抖。此外，常有噩梦，主题多为迫害。根据他的这些症状表现，干预者介绍了图片-负性情绪打包处理技术的原理、操作步骤，并询问了他个人的意愿，最终选择该技术对其进行干预。

（三）干预过程

1. 图片-负性情绪联结

首先请被干预者回想一幅对其影响最大、印象最深的画面，进行描述。被干预者详细地描述了自己趴在洞口外的雪地里隐藏拍摄时的画面：周围都是雪，自己是趴着的，身下感觉冰冷，眼前对准的是一个洞口，黑漆漆的，随时可能有暴恐分子冲出来。该画面在脑海里非常清晰，就像刚刚发生的。

然后，干预者询问被干预者这个画面在脑海中的清晰程度，对画面导致的感受进行分解，从情绪、躯体、行为、认知几个维度进行澄清，并请被干预者评估画面对上述四方面造成的影响程度。面对三年前的画面，被干预者最强烈的是在情绪、躯体方面产生的反应，具体包括恐惧，睡眠质量不好，常有噩梦，它们对自己生活工作造成的影响程度达到7～8级。但是，雪地上发生的事情，对被干预者而言也是有积极意义的，被干预者回想此事，依然有兴奋感，这一点功能分析时要给予特别重视。

2. 功能分析、图片分离

对于即将要处理的画面，通常会询问被干预者其中是否有自己想要保留的，或者引发的情绪除了恐惧之外，还有什么其他情绪。此名被干预者在描述创伤经历时，多次提到雪地拍摄，尤其是在这个特殊任务中进行拍摄，带给自己很多兴奋。所以在这一环节，干预者与被干预者就画面的功能意义进行细致拆分，经过仔细、反复询问，被干预者很肯定此次要处理的画面多是让自己不舒服的，兴奋的体验来自整个事件，而不是这一画面。至此，完成功能分析，画面中没有需要保留的。

3. 图片-负性情绪打包

请被干预者调整呼吸，闭上眼睛，在脑海中回忆让他产生不愉悦体验的画面，并用心体会此画面带给自己的情绪，借此强化情绪之间的联结，在画面与情绪建立了强联结后，请被干预者睁开眼睛。

4. 快速眼动

接下来，借助"心理危机干预计算机辅助系统"的"快速眼动"模块，要求被干预者直视屏幕，与电脑屏幕保持30厘米左右的距离，并要求被干预者的头部及上身保持不动，眼球追随屏幕上定点物体的移动。

每一轮眼动用时约1分钟，每一轮结束后，请被干预者闭上眼睛，放松眼部神经，调整呼吸，去感受令自己害怕的画面有什么变化，并对其清晰程度进行评级。被干预者经过四轮快速眼动，画面从有点模糊到只看到轮廓，再到完全看不清，如有一层毛玻璃遮挡着，直到完全消失；其体验到的恐惧也由8级下降到2～3级。

5. 温暖画面与正性理念植入

干预者引导被干预者闭上眼睛，利用"感受呼吸温差放松法"进行放松；通过生理指标监测到被干预者已经放松下来后，请其想象一幅让自己感受到温暖或感受到力量的画面。当画面已找到，感觉也出来了，请其睁开眼睛，将带给自己温暖或力量的画面讲述给干预者。被干预者在此环节，想到自己经常跑步的画面，当这幅画面出现时，自己感到很振奋，很有力量感，而且跑步过程中，大脑得以清空，会细细品味自己的变化与成长，感受到一股温暖。

另外，干预者还鼓励被干预者将此画面及感受带回日常工作与生活中，并希望这个画面带给他的感觉能一直陪伴着。

案例二：怕蛇

（一）案例描述

王某，男，26 岁。回忆在 6 岁左右的时候，某天中午与父母一起在午休，父母已经休息，但自己并没有睡着，而是一直盯着天花板看。突然之间，视线内出现一条蛇在天花板上盘旋，自己感觉很害怕，就打算向父母呼救，但还没来得及叫醒父母，就看到蛇突然从房顶掉下来，正好落到了自己的身上，自己当时吓坏了，大吼大叫。父亲听到自己的叫声后，马上赶过来把蛇拿到屋子外面，并且将蛇打死。但从此之后，自己就非常怕蛇，现在仍然如此。

（二）案例分析

通过与被干预者的交流，干预者发现他在描述 20 年前经历的情景时感受依然很深刻，目前想到或者看到蛇后内心就会出现强烈的恐惧，同时感觉头皮发麻、手脚冰凉，那种当时蛇落到自己身上的感觉，以及自己的情绪反应一直挥之不去。综合评估症状表现，并询问了其本人的意愿后，干预者决定对他进行个体干预。

（三）干预过程

1. 图片-负性情绪联结

由于事件已经十分清晰，因此干预者认为干预过程应该会比较顺利。然而，在第一个环节就出现了问题。为此干预者和被干预者进行了特别的沟通，来解决问题。

问题出现在干预的一开始，干预者要求被干预者选择一个印象深刻的画面，这个时候被干预者表述说，一个是看到天花板上的蛇，另一个就是蛇掉落到身上，这两个画面印象都特别深刻，而且影响都很大。对于此情况，一般会让被干预者做出主观评估，挑选其中受影响更大的进行处理。如果被干预者评估它们影响同样大，会建议被干预者根据时间顺序选择先出现的画面，然后再选择其他的画面。因此，被干预者先选择了当时蛇还在天花板上的画面。被干预者回复说该画面在脑海里非常清楚，带给自己较为强烈的紧张、害怕，达到了7～8级，并诉说想到蛇时身体会发抖。

2. 功能分析、图片分离

干预者询问被干预者：除了从画面中体验到紧张、害怕、发抖之外，是否还有其他的情绪、躯体、认知反应？其中有没有想要保留的正性内容？被干预者回复说没有，确定想要将蛇在天花板上的整个画面都消除掉。

3. 图片-负性情绪打包

干预者引导被干预者闭上眼睛，再次清晰地回忆画面和体验画面带来的感受，在回忆和感受变得清晰后再睁开眼睛。

4. 快速眼动

顺利完成图片-负性情绪打包之后，干预者借助"心理危机干预计算机辅助系统"对被干预者的画面和感受进行消除工作。被干预者每轮快速眼动之后都会放松，并且报告脑海中画面和自身感受的变化。被干预者进行了三轮快速眼动，每一轮的变化如下：

第一轮眼动结束后，邀请被干预者找一个舒服的姿势坐着，然后深深地呼吸，去感受令自己害怕的画面有什么变化。被干预者表述画面模糊了一些，害怕、紧张的情绪也缓解了许多。

第二轮眼动结束后，进行了简单的放松。被干预者表述画面变远，负性感受也更低了。

第三轮眼动结束后，依然先进行放松。被干预者表述画面已消失，完全找不到了，甚至表示出惊喜。

5. 温暖画面与正性理念植入

完成了画面和感受的消除，干预者请被干预者闭上眼睛，采用"感受呼吸温差放松法"进行放松，然后想象一个能让自己感受到温暖的画面。如果找到并看清了正性画面，而且体验到了正性感受就睁开眼睛，表达出来。

被干预者回忆起的温暖画面是在同一件事情中，父亲把蛇扔掉并打死，以及母亲抱着自己的画面。在回忆的过程中，他体验到家人的保护带来的安全感，感觉特别温馨、温暖。

案例三：无法接受父亲突然离世

（一）案例描述

王某，女，34岁。两年前父亲突发心脏病，自己和母亲将他送往医院，然而没有抢救过来，病逝在医院。近一段时间工作压力增大，总感觉心脏有异常，去医院检查并没有什么异常。在参与公司举行的心理知识培训后，觉得自己的这个问题有可能和父亲去世的经历有关，希望获得心理帮助。

（二）案例分析

与被干预者沟通之后，干预者明确其目前状态与以往创伤有关联，而且进一步明确与父亲突发心脏病去世的经历有关。在这个过程中，被干预者最大的感受是震惊和恐惧。震惊主要是因为父亲发病太突然，当时是一个周末的中午，家人一起吃完饭，父亲说要去休息一会，没多久父亲就在床上喊难受，刚开始以为是吃完饭胃部疼痛，后来自己看到父亲的状态觉得不对劲，赶紧打车送医院去。到了医院之后父亲就直接被拉进了手术室，从此没有再回来。被干预者表示，当手术室的门关上的那一刻，自己就有预感，可能父亲再也回不来了。最近自己也感觉特别不好，而且心脏病是有遗传的，最近特别担心自己和父亲一样，哪天很突然地就死去了。

（三）干预过程

1. 图片-负性情绪联结

干预者请被干预者先找到一个对她影响最大、印象最深的画面，并详细描述。被干预者描述，就是看到父亲躺着的手术床被推进手术室，手术室的门关上的那一刻。而且现在想起，依然特别悲伤和恐惧，也有对生命脆弱的震惊，大约有 7～8 级。

2. 功能分析、图片分离

干预者询问被干预者刚刚描述的画面中是否有正性的部分，最想消除的是哪一部分。干预者确定要处理的画面是手术室的那道门，感觉就是这道门将父亲带走了，从此再也回不来了。画面其他的内容，并不在意。

3. 图片-负性情绪打包

干预者请被干预者闭上眼睛，再次清晰地回忆令她恐惧和痛苦的画面，并且体验画面所带来的感受。如果画面和感受清晰了，就睁开眼睛进行下一步。

4. 快速眼动

完成了以上的工作后，干预者借助"心理危机干预计算机辅助系统"进行快速眼动干预，以消除其画面和负性感受。

每一轮眼动结束后，要求被干预者找一个舒服的姿势坐着，然后深深地呼吸，去感受令自己害怕的画面有什么变化。被干预者一共进行了三轮快速眼动，每一轮的变化如下：

第一轮快速眼动后，画面依然清晰。

第二轮快速眼动后，眼前的画面是变形扭转的样子，情绪上有一些放松和平复。

第三轮快速眼动后，想要用力去想画面但是不知道去哪里了，觉得眼前就是一个空白的白框，里面的内容好像变成了肥皂泡，飘在白框的上边缘，对画面的感受没有了。

第四轮快速眼动后，画面消失，恐惧和痛苦的感受也没有了。

5. 温暖画面与正性理念植入

干预者引导被干预者利用"感受呼吸温差放松法"进行放松，然后想象一个能让自己感受到温暖的画面，并体验这个画面带来的感受。

被干预者想到的是另外一道门，是自己送孩子上幼儿园，站在门外看孩子走进去的场景。说到这里被干预者流下了眼泪，并感慨从这两个画面感受到了生命的轮回，表示会做好自己，也会做好生命的延续和传承。

从这个案例可以看出，我们日常需要面临的生老病死，对于某些易感人员也会形成心理危机，运用一般性心理咨询的方式也许会对这类人员有所帮助，但对于有特殊事件或特定画面的情况而言，运用快速而简捷的心理危机干预技术，可能对于被干预者的帮助更直接、更有效果。

案例四：恐怖视频观后出现创伤

（一）案例描述

赵某，男，29岁。两天前在微信朋友圈中无意中点开一个视频链接，没想到是一段十分恶心的恶作剧视频。当时看完之后，就觉得很不舒服，立即关掉了。过了一会儿觉得没什么，也就没有在意，但当天晚上，视频当中几段比较恶心的画面一直在脑中闪现，导致心烦意乱，无法入睡。第二天早起之后，恶心的画面感也没有什么缓解，他曾学过一些放松调节方法，用过之后，画面闪现的情况依然没有什么好转，并且这种情况严重影响了自己的生活，做事情也无法集中注意力，感觉很痛苦。

（二）案例分析

目前互联网娱乐形式多样，也有很多恶作剧的内容，这些内容因为需要吸引眼球，所以画面会更加刺激，容易对心理易感人群造成影响，并有典型的闪回、情绪和行为的负性反应等症状出现，由此造成的问题也是一种心理创伤。

根据被干预者的描述，干预者发现他看到刺激性的恐怖视频后会有画面的多次闪回和闯入，并且出现了明显的躯体化表现，严重影响了日常的生活和工作。综合他的症状表现，并征得他本人的同意后，干预者决定对其进行个体干预。

（三）干预过程

1. 图片-负性情绪联结

首先，干预者请被干预者回想视频中对他影响最大、印象最深的一个画面。被干预者描述视频中有一个已逝去的人，头盖骨被揭开，里边已经生虫，密密麻麻，自从看完之后，经常想起里边的画面，同时会体验到恶心、身体紧张等感觉。

然后，干预者引导被干预者确认画面带给他的影响和影响级别。被干预者回复说该画面在脑海里非常清楚，对其情绪、躯体影响明显，情绪方面害怕、紧张达到7级，躯体方面恶心达到9级。

2. 功能分析、图片分离

干预者询问被干预者是否还有其他的情绪、躯体、认知体验，有没有想要保留的正性内容。被干预者回答说没有，确定想要将整个画面都消除掉。

3. 图片-负性情绪打包

干预者请被干预者闭上眼睛，再次清晰地回忆画面和体验画面带来的感受，在回忆和感受清晰后再睁开眼睛。

4. 快速眼动

完成了以上的工作后，干预者借助"心理危机干预计算机辅助系统"进行快速眼动干预，以消除其画面和负性感受。

每一轮快速眼动结束后，被干预者都会进行放松，并报告其脑海中画面的变化和感受的变化。被干预者一共进行了三轮快速眼动，每一轮的变化如下：

第一轮眼动结束后，画面中最恶心的那一部分变模糊了一些，身体稍微放松了一些。

第二轮眼动结束后，画面中只剩下轮廓，感觉轻松了一些。

第三轮眼动结束后，画面看不到了，身体反应也没有了。

5. 温暖画面与正性理念植入

完成了画面和负性感受的消除，干预者请被干预者闭上眼睛，利用"感受呼吸温差放松法"进行放松，然后想象一个能让自己感受到温暖的画面，并体验这个画面带来的感受。如果看清和体验到了就睁开眼睛，表达出来。

被干预者回忆起的温暖画面是自己结婚时的场景，他与妻子跪在双方父母的面前，感觉特别幸福，他对于会想起这幅画面也比较意外。

案例五：求婚被拒画面的处理

（一）案例描述

沈某，男，30 岁。带着犹豫的态度找到干预者，说自己有一个婚姻情感方面的问题，想寻求帮助。通过了解，干预者发现沈某的困扰是三年前向一个女孩求婚，最终被拒，现在仍然觉得当时的情景历历在目，对感情产生了阴影，并且对与目前交往对象的关系造成了影响，不再敢谈婚论嫁了。

（二）案例分析

沈某经历的事件，是我们日常生活中的一个挫折。针对一般性的挫折，我们可能会有效应对，或者是作为一个成长的经历，吸取教训等等。因为性格、个人经历和成长环境等因素，某些易感人员对此不能应对，他们的生活也因此受到影响，且当时的情景还会不时闪现在他们的脑海中。这种情况就是我们所说的心理创伤，需要通过危机干预进行有效处理。

（三）干预过程

1. 图片-负性情绪联结

干预者请被干预者找到对他影响最大、印象最深的一个画面，并且尽量清晰地描述出来。被干预者的描述是，在一个办公楼里，他手拿鲜花跪地向女孩求婚，然而女孩不同意，并一直未接受他的鲜花。最后，他丢下花转身下楼。这个画面一直反复出现在他的脑海中，并且导致他有两年的时间比较颓废，现在想起仍然内心觉得有阴影。被干预者主观自我评估伤心、愤怒的级别大约在 8 级。

2. 功能分析、图片分离

干预者确定被干预者想要处理的画面，并询问被干预者除了从画面中体验到负性感受，是否还有正性的部分想要保留。被干预者回复说没有，确定想要将整个画面都消除掉。

3. 图片-负性情绪打包

干预者请被干预者闭上眼睛，并且再次清晰地回想和体验这个令他不舒服的画面，感受这个画面就在眼前。如果看清并且体验到了，就睁开眼睛开始后边的操作。

4. 快速眼动

完成了以上的工作后，干预者借助"心理危机干预计算机辅助系统"进行快速眼动干预，以消除其画面和负性感受。每一轮快速眼动结束后，被干预者都会进行放松，并报告其脑海中画面的变化和感受的变化。被干预者一共进行了三轮快速眼动，每一轮的变化如下：

第一轮快速眼动结束后，觉得画面离远了一点。

第二轮快速眼动结束后，觉得画面有一些模糊。

第三轮快速眼动结束后，画面在眼前消失了，虽然上楼和下楼的样子仍然记得，但是中间求婚的片段没有了，感受也平静了。

5. 温暖画面与正性理念植入

干预者引导被干预者利用"感受呼吸温差放松法"进行放松，然后想象一个能让自己感受到温暖的画面，并体验这个画面带来的感受。

被干预者想到的是自己载着现任女友沿河边骑行的画面。想到这里，被干预者感慨道，自己一直被曾经的情绪和记忆压抑着，以至于都忽略了身边现有的美好生活，而是活在过去的痛苦里。通过今天的干预，感觉已经走出了之前的阴霾，准备迈向新的生活。

从这个案例我们可以看出，普通的挫折（甚至是危机事件）对于个体既是危机，也是成长的机会，只要消除负性的影响，寻找到积极的力量，就能让我们的生活发生根本性的改变。

案例六：血腥画面的处理

（一）案例描述

张某，女，35 岁，从事公安工作。自述在一次出警过程中，勘察一个刑事案件现场，案件是辖区内的一户人家全部被杀，因此当时的现场场景十分惨烈。虽然当时自己的任务只是维护现场，但也看到了案发场景，当时所看到的内容对自己冲击很大，虽然已经过去很久了，但对现在的自己的影响依然很大。

（二）案例分析

通过与被干预者交流，发现被干预者没有直接接触现场，影响自己的画面虽然都是在维护现场过程中无意看到的，但依然对其产生了很大的心理冲击，即使在当下描述，也会伴随十分紧张的身体语言和语气。根据她的这些症状表现，干预者介绍了图片-负性情绪打包处理技术的原理、操作步骤，并询问了其个人意愿，最终选择该技术对其进行干预。

此外，被干预者为职业女性，并且是从事具有一定危险性工作的职业女性，该群体是常见的危机干预对象。

（三）干预过程

1. 图片-负性情绪联结

经过沟通交流，被干预者最终选定进入现场后看到的第一个画面，即门口处一个女子倒在血泊中的场景。她描述看到这个场景后，感觉很震惊，也很悲伤，并且对凶手手段的残忍感到愤怒，这些情绪都在 8 级。

2. 功能分析、图片分离

干预者确定被干预者想要处理的画面，并询问被干预者除了从画面中体验到负性感受，是否还有正性的部分想要保留。被干预者回复说没有，确定想要将整个画面都消除掉。

3. 图片-负性情绪打包

干预者请被干预者调整呼吸，闭上眼睛，在脑海中回忆需要处理的画面，并用心体会此画面带给自己的情绪，借此强化该画面与引发的负性情绪之间的联结，当画面与情绪建立了强联结时，请被干预者睁开眼睛。

4. 快速眼动

完成了以上的工作后，干预者借助"心理危机干预计算机辅助系统"进行快速眼动干预，以消除其画面和负性感受。每一轮快速眼动结束后，被干预者都会进行放松，并报告其脑海中画面的变化和感受的变化。

被干预者在第一轮快速眼动结束后，画面变得有些远了；在第二轮快速眼动结束后，画面变成了一个点；在第三轮快速眼动结束后，画面得到完全消除，负性感受也减轻了很多，基本都在2级左右。

5. 温暖画面与正性理念植入

干预者引导被干预者利用"感受呼吸温差放松法"进行放松，然后想象一个能让自己感受到温暖的画面，并体验这个画面带来的感受。

然而在干预者进行引导时，被干预者突然睁开双眼，并失声喊了出来。干预者立即询问发生了什么。被干预者诉说，刚才经过引导感觉很放松，脑海中出现了一片大海，海浪缓缓地冲向海滩，在海滩上看到了自己的房子，但是里面没有人，家人都不在了！太可怕了！

干预者根据经验判断，危机事件可能引发了被干预者原有的心理问题（经转介心理咨询后发现，是关于原生家庭关系的问题，与想象中的房子有关联），于是询问被干预者是否在完成危机干预后进行转介咨询，或者是当下进行休息，稍后再进行其他的处理。被干预者表示希望完成本次干预，并在干预后自己再决定是否进行心理咨询。因此，根据被干预者的意愿，干预者引导其进行正性画面的想象。

此案例是我们在危机干预中遇到的较为特殊，但又可能有较大概率再次碰到的案例，即被干预者既遭受了危机事件，同时也有特定的心理问题存在。对于此类状况，我们的干预原则是在得到被干预者认可的前提下，首先进行危机的处理，之后再转介为心理咨询，并向被干预者解释清楚，将两个问题分开处理。

第二节 采用图片-负性情绪打包 处理技术干预案例分析报告

个体在经历危机事件之后，会产生应激反应，包括强刺激画面闪回、负性情绪反应、注意力难以集中，认知狭窄、恶心、失眠等。这些反应或症状的核心点均是以危机事件中经历过的刺激最为强烈的画面为载体。

那么，如果我们将这个最强烈的刺激画面消除，由它带来的情绪反应、躯体反应、认知反应会不会也能随之消失呢？

本报告中，我们对 110 例个案进行了追踪与分析，探索在实际的危机干预过程中，图片-负性情绪打包处理技术的干预效果。

一、干预对象

110 位被干预者均为职业人员，经历过真实的危机事件或创伤性事件，其中公安民警 73 人，消防员 10 人，武警 7 人，企业员工 20 人；男性 51 人，女性 59 人；年龄在 20～58 岁之间，平均年龄 36.74±8.77 岁。所有被干预者均自愿接受图片-负性情绪打包处理技术的干预，并填写个案效果追踪卡，接受干预效果持续情况的回访。

干预者均是接受过图片-负性情绪打包处理技术系统学习，可以熟练使用该技术的心理工作人员。

二、干预方法及干预过程

这 110 例个案均来自 2015—2016 年我们危机干预团队的现场危机干预工作。在现场干预前，重点评估被干预者的受影响程度、画面清晰程度及闪回频次，并且干预一结束，就追问上述三个方面的变化情况；在干预结束的 1 个月后，我们会通过电话进行效果回访，再次询问。接下来简要介绍图片-负性情绪打包处理技术的核心步骤。

（1）图片-负性情绪联结：通过描述影响最大创伤画面及伴随的躯体、情绪、认知反应，将创伤画面与相应的反应（特别是情绪反应）建立联结。

（2）功能分析、图片分离：让被干预者对画面进行拆分，决定哪一部分需要处理，哪一部分需要保留。

（3）图片-负性情绪打包：让被干预者想象需要处理的画面，同时体验相应的反应（特别是情绪反应），完成画面和负性情绪的打包。

（4）快速眼动：让被干预者左右快速移动眼球，以修复大脑通路，消除创伤画面及相应的反应。

（5）温暖画面和正性理念植入：让被干预者想象积极、正性的温暖画面，来替代原有的创伤画面。

三、干预结果

（一）干预前后具有不同创伤画面清晰程度的人员分布情况

危机事件的受害者，在经历事件后，有一个典型的共同特点，即会时常想起事件中的某些场景或画面，但不同个体回忆起的创伤画面清晰程度会有所不同。在这 110 例干预个案中，干预前，画面清晰的有 106 人，占 96.36%，画面模糊的有 4 人，占 3.64%；干预后，画面消失的有 51 人，占 46.36%，画面模糊的有 54 人，占 49.09%，画面清晰的有 5 人，占 4.55%。见表 12-1。

表 12-1　　　干预前后具有不同创伤画面清晰程度的人员分布情况

创伤画面清晰程度	干预前人员分布		干预后人员分布	
	人数	百分比	人数	百分比
1 清晰	106	96.36	5	4.55
2 模糊	4	3.64	54	49.09
3 消失	0	0	51	46.36
合计	110	100	110	100

通过描述性统计分析，可以看到经过图片-负性情绪打包处理技术的干预，危机事件带给被干预者的创伤性画面有了很大的变化，报告画面清晰的人数显著下降，而报告画面消失或模糊的人数显著增加。

（二）干预前后具有不同受影响程度的人员分布情况

开展个体或者团体心理危机干预之前，首先需要明确被干预者的受影响程度。个体干预过程中需要被干预者具体地描述自身情绪、躯体和认知反应的受影响程度，一般用 1~10 进行主观评级，级别越高代表感受到的影响越强烈。我们选择了被干预者报告的最高级别作为其整体受影响级别。干预前后的人员分布情况见表 12-2。

表 12-2　　　　　干预前后具有不同受影响程度的人员分布情况

受影响程度	干预前人员分布		干预后人员分布	
	人数	百分比	人数	百分比
1	2	1.82	60	54.55
2	1	0.90	20	18.18
3	2	1.82	22	20.00
4	4	3.64	2	1.82
5	17	15.45	5	4.55
6	24	21.82	1	0.90
7	28	25.45	0	
8	20	18.18	0	
9	7	6.37	0	
10	5	4.55	0	
合计	110	100	110	100

通过描述性统计分析，可以看到经过图片-负性情绪打包处理技术的干预，被干预者自评受影响程度有了不同程度的下降，其中自评处于 7～10 级的被干预者均不再处于 7～10 级水平。

（三）干预后 1 个月画面闪回频次分析

创伤画面的闪回是经历危机事件后受害者典型的应激反应之一，具体表现为创伤画面不受控制地跳入脑海中，使受害者感到仿佛再次经历该创伤事件。在这 110 例个案中，干预前，创伤画面闪回频繁的有 48 人，占 43.64%，偶尔有画面闪回的有 60 人，占 54.55%，没有画面闪回的有 2 人，占 1.82%；干预后 1 个月追踪回访发现，创伤画面闪回频繁的有 1 人，占 0.91%，偶尔有画面闪回的有 35 人，占 31.82%，没有画面闪回的有 74 人，占 67.27%。见表 12-3。

表 12-3　　　　　干预前后具有不同创伤画面闪回频次的人员分布情况

闪回频次	干预前人员分布		干预后人员分布	
	人数	百分比	人数	百分比
1 频繁	48	43.64	1	0.91
2 偶尔	60	54.55	35	31.82
3 没有	2	1.82	74	67.27
合计	110	100	110	100

通过描述性统计分析，可以看到经过图片-负性情绪打包处理技术的干预，被干预者创伤画面闪回频次有了很大的变化，频繁闪回人数减少，近68％的被干预者不再出创伤画面的闪回。

（四）差异性检验分析

对被干预者干预前及干预后画面清晰程度、画面闪回频次、受影响程度进行差异性检验，结果见表12-4。

表 12-4 干预前后各指标的差异性检验结果

	画面清晰程度 （1清晰、2模糊、3消失）		画面闪回频次 （1频繁、2偶尔、3没有）		受影响程度 （1~10级）	
	平均数	标准差	平均数	标准差	平均数	标准差
干预前	1.04	0.19	1.55	0.54	6.54	1.78
干预后	2.43	0.59	3.00	0.00	1.85	1.19
t 值	-22.945^{**}		-27.320^{**}		24.932^{**}	

$^{**}p<0.01.$

通过 t 检验，发现经过一对一干预后，被干预者干预完当下其创伤画面清晰程度、受影响程度均有显著下降，1个月回访获得的闪回频次也有显著下降，表明图片-负性情绪打包处理技术能够有效处理创伤性画面，改善由创伤画面引发的负性体验。

（五）典型案例

1. 基本资料

姓名：张××。

性别：男。

年龄：41岁。

职位：金融行业主管。

危机事件：小时候在邻居家被其看家狗惊吓。

2. 各项指标变化情况

张××的各项指标变化情况如表12-5所示。

表 12 - 5 　　　　　　　　　　　张××的各项指标变化情况

评估时间	躯体 （表现/级别） 如：出汗（7）	情绪 （表现/级别） 如：害怕（7）	认知 （表现/级别） 如：信任降低（7）
干预前	心跳加速（8）	恐惧（9） 紧张（9）	思维混乱（7）
干预后当下	无	紧张（3）	无
干预后 1 个月	无	无	无
干预后 3 个月	无	无	无
干预后 12 个月	无	无	无

3. 被干预记录

干预者：孙老师、闫老师。

干预时间：2014 年 12 月。

追踪时间：2015 年 1 月、3 月、12 月。

干预过程：

虽然是 30 多年前的创伤事件，但由于影响严重，张××仍然很清晰地记得当时的场景：自己正准备和家人一起去邻居家玩，临走时，邻居院子里的狗向自己奔过来狂吠，当时吓坏了，就返身逃跑，结果跑到了院子的角落里，狗逼迫过来，恶狠狠地盯着自己，幸好家人和邻居赶过来把狗打走了，但这个场景一直无法忘怀，并且从这之后，一直害怕狗，就是现在所在小区有狗叫声，自己都会感觉很紧张。

被干预者很快选取出当年邻居家的狗逼近自己的画面，对这个画面有十分强烈的恐惧和紧张情绪反应，大约在 9 级，并且现在想起来，还会心跳加速（8 级）、思维混乱（7 级）。通过功能分析，被干预者确定需要消除的画面内容是狗的头部。

确定需要消除的画面内容之后，干预者引导其进行画面和情绪的打包，由于受影响比较严重，被干预者几乎是闭眼一想到，就全身呈现出紧张的状态。并且在前两轮的眼动过程中，被干预者的眼球运动十分不灵活。干预者及时调整了眼动速度，并让被干预者进行充分的放松，情况稍微好转了一些。在第三轮眼动结束后，画面一下就模糊了，被干预者表示"十分神奇"。又经过进一步的干预，情绪和躯体感受均有大幅度减轻，除了还有一些紧张（大约 3 级）之外，其他的都没有了。最后是植入了一幅自己在家里放松休息的场景。

4. 回访结果

为追踪被干预者的治疗效果，干预者在干预后 1 个月、3 个月和 12 个月分别对被干预者的情况进行回访。

（1）1 个月后的回访。

干预者致电被干预者，表明身份和回访意图，并简单寒暄。之后根据回访内容询问和评估被干预者的受影响画面、闪回情况，以及躯体、情绪和认知表现。被干预者反馈，现在努力想想，画面还是能够想起来的，但是模糊了很多，不太能想起什么细节了，而且即使想起了，也没什么负性感受了。干预者询问近况，被干预者表示，现在面对小区的狗已经没那么害怕了，虽然不敢像妻子一样去主动抚摸，但走在旁边不会像以前那么害怕而回避了，对此向干预者表示感谢。干预者对目前被干预者的状态给予简单说明，对干预效果做出了积极反馈，并告知 2 个月后还会再次进行回访，被干预者对干预者专业而负责的态度再次表示感谢，本次回访结束。

（2）3 个月后的回访。

致电时间为农历春节期间，干预者首先给予被干预者节日的问候，再次表明回访意图，以及将对干预内容和影响情况进行评估。被干预者也给予干预人员节日的问候，并反馈节日期间回老家又见到了邻居，并且说起了当年的事情，在大家的回忆下，画面又变得清晰了，但回忆这件事情的过程，却是谈笑风生，自己也把这件事情当作一个笑谈和大家分享，没有什么其他的情绪或躯体反应。干预者对于被干预者情况进行简单反馈，肯定干预效果，双方又互致节日问候，本次回访结束。

（3）12个月后的回访。

干预者致电被干预者，说明回访意图。被干预者表达了谢意，并反馈如果不是干预者回访提醒，差不多都快忘记这件事情了。画面还能够想起来，但早已没什么感觉了，现在也不害怕周围的狗了，感谢干预者之前的帮助，并表示自己目前也在学习心理学，觉得很神奇，希望以后可以向干预者多学习专业知识。干预者表示接受，并对被干预者目前状态和干预效果进行简单反馈，根据被干预者目前状态，双方商定随访终止。

通过对110例个案的干预数据进行简单分析及回访，我们能够发现图片-负性情绪打包处理技术可以模糊或消除创伤画面，有效改善创伤性画面的闪回频次，减轻画面所致的各种负性身心反应，而且在一年的追踪期内干预效果保持较好。

四、思考性总结

从工作特征上，职业人群一天中至少有三分之一的时间在工作场所中度过，每一个行业、每一个企业、每一个职业都有自己的风险和问题。职业人群的心理危机干预工作是关系个体身心健康、组织绩效，甚至社会稳定的重要工作。心理危机干预工作是一个完整的系统（王择青，2003），因此需要在危机事件发生之前做好预防，危机发生时做好识别，危机发生后及时地干预，形成一套完善的应对机制。根据以往开展心理危机干预工作的实践和经验，我们发现这套机制如果包含以下几个部分，则可能更有利于职业人群心理危机的预防、识别和干预。

（一）一支可以科学规范开展心理工作的专业骨干队伍

例如，本研究中的心理危机干预工作者，均接受过系统的专业培训，其中有理念学习、情景模拟体验、专项技术学习和实操演练。

（二）一个支持心理教学、训练、服务、科研等工作的场室和设备

有了专业人员之后，再辅以科学、规范的专业场室和设备，可以让心理工作的开展事半功倍。

（三）一个掌握组织成员心理趋势并能指导实战应用的大数据平台

有了这个大数据平台，我们就能全面、动态地了解组织内成员的心理状态，定期测查、及时预警，预防危机的发生。

（四）一套指导日常心理工作开展的方案

一个组织要完成心理测评、心理调适训练、心理咨询和危机干预，以及整体的心理管理工作，一定要有一套适合自身实际情况的工作方案，并且根据实际情况灵活调整。

参考文献

Beaton, D., Bombardier, C., Escorpizo, R., Zhang, W., Lacaille, D., Boonen, A., ... & Tugwell, P. S. (2009). Measuring worker productivity: Frameworks and measures. *Journal of Rheumatology*, *36* (9), 2100–2109.

Begley, D. J. (2003). Understanding and circumventing the blood-brain barrier. *Acta Paediatrica*, *92* (S443), 83–91.

Bisson, J. I., Jenkins, P. L., Alexander, J., & Bannister, C. (1997). Randomised controlled trial of psychological debriefing for victims of acute burn trauma. *British Journal of Psychiatry*, *171* (1), 78–81.

Bledsoe, B. E. (2003). Critical incident stress management (CISM): Benefit or risk for emergency services?. *Prehospital Emergency Care*, *7* (2), 272–279.

Caplan, G. (1954). The mental hygiene role of the nurse in maternal and child care. *Nursing Outlook*, *2* (1), 14–19.

Caplan, G. (1961). *An approach to community mental health*. New York, NJ: Grune & Stratton.

Chambless, D. L., & Ollendick, T. H. (2001). Empirically supported psychological interventions: Controversies and evidence. *Annual Review of Psychology*, *52* (1), 685–716.

Cohen, L. H., Cimbolic, K., Armeli, S. R., & Hettler, T. R. (1998).

Quantitative assessment of thriving. *Journal of Social Issues*, 54 (2), 323 – 335.

Cornell, D. G. , & Sheras, P. L. (1998). Common errors in school crisis response: Learning from our mistakes. *Psychology in the Schools*, 35 (3), 297 – 307.

Deahl, M. , Srinivasan, M. , Jones, N. , Thomas, J. , Neblett, C. , & Jolly, A. (2000). Preventing psychological trauma in soldiers: The role of operational stress training and psychologicaldebriefing. *British Journal of Medical Psychology*, 73 (1), 77 – 85.

Dodgen, D. , LaDue, L. R. , & Kaul, R. E. (2002). Coordinating a local response to a national tragedy: Community mental health in Washington, DC after the Pentagon attack. *Military Medicine*, 167 (S4), 87 – 89.

Doherty, G. W. (1999). Cross cultural counseling in disaster settings. *Australian Journal of Disaster and Trauma Studies*, 2 (3), 1 – 15.

Everly, G. S. , & Mitchell, J. T. (2000). The debriefing "controversy" and crisis intervention: A review of lexical and substantive issues. *International Journal of Emergency Mental Health*, 2 (4), 211 – 226.

Glanz, K. , Rizzo, A. S. , & Graap, K. (2003). Virtual reality for psychotherapy: Current reality and future possibilities. *Psychotherapy: Theory, Research, Practice, Training*, 40 (1 – 2), 55 – 67.

Gordon, N. S. , Farberow, N. L. , & Maida, C. A. (1999). *The series in trauma and loss. Children and disasters*. Philadelphia, PA: Brunner/Mazel.

Harris, M. B. , Balo ğlu, M. , & Stacks, J. R. (2002). Mental health of trauma-exposed firefighters and critical incident stress debriefing. *Journal of Loss* & *Trauma*, *7* (3), 223 - 238.

Helgeson, V. S., Reynolds, K. A., & Tomich, P. L. (2006). A meta-analytic review of benefit finding and growth. *Journal of Consulting* & *Clinical Psychology*, *74* (5), 797 - 816.

Huleatt, W. J., LaDue, L., Leskin, G. A., Ruzek, J., & Gusman, F. (2002). Pentagon family assistance center inter-agency mental health collaboration and response. *Military Medicine*, *167* (S4), 68 - 70.

Jenkins, S. R. (1996). Social support and debriefing efficacy among emergency medical workers after a mass shooting incident. *Journal of Social Behavior* & *Personality*, *11* (3), 477 - 492.

Joseph, S., & Linley, P. A. (2008). Positive psychological perspectives on posttraumatic stress: An integrative psychosocial framework. In S. Joseph & P. A. Linely (Eds.), *Trauma*, *recovery and growth*: *Positive psychological perspectives on posttraumatic stress* (pp. 3 - 20). Hoboken, NJ: Wiley.

Leonard, R., & Alison, L. (1999). Critical incident stress debriefing and its effects on coping strategies and anger in a sample of Australian police officers involved in shooting incidents. *Work* & *Stress*, *13* (2), 144 - 161.

Lindemann, E. (1944). Symptomatology and management of acute grief. *American Journal of Psychiatry*, *101* (2), 141 - 148.

Litz, B. T., Gray, M. J., Bryant, R. A., & Adler, A. B. (2002). Early intervention for trauma: Current status and future directions. *Clinical Psychology*: *Science and Practice*, *9* (2), 112 - 134.

Marks, I., Lovell, K., Noshirvani, H., Livanou, M., & Thrasher,

S. (1998). Treatment of posttraumatic stress disorder by exposure and/or cognitive restructuring: A controlled study. *Archives of General Psychiatry*, *55* (4), 317 - 325.

Mayou, R. A., Ehlers, A., & Hobbs, M. (2000). Psychological debriefing for road traffic accident victims: Three-year follow-up of a randomised controlled trial. *British Journal of Psychiatry*, *176* (6), 589 - 593.

Railway spine (n. d.). In *Wikipedia*. Retrieved May, 25, 2017, from https: // en. wikipedia. org/wiki/Railway_spine

Riva, G. (2002). Virtual reality for health care: The status of research. *Cyberpsychology & Behavior*, *5* (3), 219 - 225.

Rothbaum, B. O., Hodges, L., Alarcon, R., Ready, D., Shahar, F., Graap, K., ... & Baltzell, D. (1999). Virtual reality exposure therapy for PTSD Vietnam veterans: A case study. *Journal of Traumatic Stress*, *12* (2), 263 - 271.

Shapiro, F. (2001). *Eye movement desensitization and reprocessing : Basic principles, protocols, and procedures* (2nd ed.). New York, NY: Guilford.

Tedeschi, R. G., & Calhoun, L. G. (1995). *Trauma and transformation : Growing in the aftermath of suffering*. Thousand Oaks, CA: Sage.

Tedeschi, R. G., & Calhoun, L. G. (1996). The Posttraumatic Growth Inventory: Measuring the positive legacy of trauma. *Journal of Traumatic Stress*, *9* (3), 455 - 471.

Tedeschi, R. G., & Calhoun, L. G. (2004). Posttraumatic growth: Conceptual foundations and empirical evidence. *Psychological Inquiry*, *15* (1), 1 - 18.

Van Etten，M. L. ，& Taylor，S. (1998). Comparative efficacy of treatments for post-traumatic stress disorder：A meta-analysis. *Clinical Psychology & Psychotherapy*，*5*（3），126 – 144.

Wessely，S. ，& Deahl，M. (2003). Psychological debriefing is a waste of time. *British Journal of Psychiatry*，*183*（1），12 – 14.

Wood，D. P. ，Murphy，J. ，Center，K. ，McLay，R. ，Reeves，D. ，Pyne，J. ，... & Wiederhold，B. K. (2006). Combat-related post-traumatic stress disorder：A case report using virtual reality exposure therapy with physiological monitoring. *Cyberpsychology & Behavior*，*10*（2），309 – 315.

柴文丽，赵璧，吴思英，林少炜. (2013). 军事飞行员工作应激现状及对亚健康影响. *中国公共卫生*，*29*（8），1133 – 1136.

陈杰灵，伍新春，安媛媛. (2015). 创伤后成长的促进：基本原理与主要方法. *北京师范大学学报（社会科学版）*（6），114 – 122.

董强利，叶兰仙，张玉堂. (2012). 创伤后应激障碍的影响因素及心理危机干预. *精神医学杂志*，*25*（1），72 – 74.

樊富珉，黄蘅玉，冯杰. (2002). 心理咨询与治疗工作中督导的意义与作用. *中国心理卫生杂志*，*16*（9），648 – 652.

胡晓敏，党荣理，王天祥. (2005). 战场应激反应的预防与干预. *人民军医*，*48*（8），471 – 472.

吉利兰，詹姆斯. (2000). 危机干预策略. 北京：中国轻工业出版社，2000.

李建明，晏丽娟. (2011). 国外心理危机干预研究. *中国健康心理学杂志*，*19*（2），244 – 247.

刘新民（主编）. (2008). 重大灾难性事件的心理救助：突发事件心理救援与心理干预手册. 北京：人民卫生出版社.

美国国立儿童创伤应激中心，美国国立 PTSD 中心．(2008)．心理急救：现场操作指南（2 版）．太原：希望出版社．

彭碧波，付辉，张亚丽，罗发菊，郭晓．(2015)．心理救援国外新进展．*中华灾害救援医学，3*（7），415 - 416．

施琪嘉（主编）．(2006)．创伤心理学．北京：中国医药科技出版社．

孙月琴，何龙山．(2005)．危机干预的操作与模式．*烟台职业学院学报，11*（4），53 - 55，69．

童辉杰，杨雪龙．(2003)．关于严重突发事件危机干预的研究评述．*心理科学进展，11*（4），382 - 386．

王敬群，王青华．(2013)．从理论到实践：临床心理督导研究综述．*江西广播电视大学学报*（1），39 - 44．

王择青．(2003)．对军人心理素质及心理干预系统的新认识．*解放军医学杂志，28*（7），579 - 582．

尉敏琦，余峰，周热娜，王健，朱鸿雁，黄晓霞，傅华．(2015)．职业人群健康素养量表编制及其信度、效度评价．*环境与职业医学，32*（3），233 - 239．

徐景波，孟昭兰，王丽华．(1995)．正负性情绪的自主生理反应实验研究．*心理科学，18*（3），134 - 139．

张丽萍（主编）．(2009)．灾难心理学．北京：人民卫生出版社．

赵国秋．(2008)．心理危机干预技术．*中国全科医学，11*（1），45 - 47．

后　　记

　　危机是一把双刃剑，危险中孕育着机遇。而心理危机干预可以说是将危险转为机遇的一个重要助力。每一个危机事件的发生，尤其是公共危机事件、自然灾害类的危机事件，都有可能对个人、组织乃至国家造成重大损害。对于个体来说，它们影响的不仅仅是其身体的健康，其心灵也会产生创伤，很多人带着危机遗留的症状继续生活，不知多少个黑夜从噩梦中惊醒，一生在自责与痛苦中度过。对于组织或是国家来说，直接的影响是众多生命、财产的损失，间接的影响是组织在公众中的形象以及社会的稳定与和谐可能受损。

　　自 2003 年我们的干预团队与众多的专家一起对奋斗在"非典"一线的医务工作者开展心理危机干预工作至今过去了十几年，心理危机干预工作愈发得到国家的重视，2016 年 12 月 30 日原国家卫计委、中宣部等 22 个部门印发《关于加强心理健康服务的指导意见》，提到"将心理危机干预和心理援助纳入各类突发事件应急预案和技术方案，加强心理危机干预和援助队伍的专业化、系统化建设，定期开展培训和演练。在突发危机事件发生时，立即开展有序、高效的个体危机干预和群体危机管理，重视自杀预防"。但是，目前国内真正有能力开展现场心理危机干预工作的人员数量是远远不足的。针对这种情况，我们的干预团队结合自身的实践，将现场心理危机干预技术与计算机辅助系统相结合，让危机干预工作者找到工作的抓手。在"授人以鱼"的同时，通过情景模拟、创设逼真的危机场景以及现场实操等培训手段"授人以渔"。从 2014 年开始，我们的干预团队走遍祖国的大江南北，为全国各地各行业陆续开展专业系统的心理危机干预骨干培训达近百场，为各行业储备了 3 500 余名心理危机干预骨干。

路漫漫其修远兮，吾将上下而求索。在现场心理危机干预工作的道路上，希望我们的工作者队伍越来越强大，希望我们的现场心理危机干预技术能帮助越来越多的人放下创伤的"包袱"，享受岁月静好。

图书在版编目（CIP）数据

职业人群现场心理危机干预/王择青著 . —北京：中国人民大学出版社，2019.6
ISBN 978-7-300-26723-4

Ⅰ.①职… Ⅱ.①王… Ⅲ.①职业-心理干预 Ⅳ.①C913.2

中国版本图书馆 CIP 数据核字（2019）第 028577 号

职业人群现场心理危机干预

王择青　著

Zhiye Renqun Xianchang Xinli Weiji Ganyu

出版发行	中国人民大学出版社	
社　址	北京中关村大街 31 号	**邮政编码**　100080
电　话	010 - 62511242（总编室）	010 - 62511770（质管部）
	010 - 82501766（邮购部）	010 - 62514148（门市部）
	010 - 62515195（发行公司）	010 - 62515275（盗版举报）
网　址	http://www.crup.com.cn	
经　销	新华书店	
印　刷	涿州市星河印刷有限公司	
规　格	170 mm×240 mm　16 开本	**版　次**　2019 年 6 月第 1 版
印　张	15.5 插页 1	**印　次**　2019 年 6 月第 1 次印刷
字　数	190 000	**定　价**　50.00 元